数据驱动的
目标分析技术

成 清　黄金才　杜 航　司悦航　编著

国防工业出版社
·北京·

内 容 简 介

目标分析是联合作战指挥中的重要组成部分，贯穿战斗的全过程。准确的目标分析，能够在复杂多变的战场环境中取得优势。本书聚焦从数据中分析目标的行为模式、预测目标的动向。首先，阐述了目标分析的内涵和技术发展。其次，介绍了目标分析的开源数据与基本方法；并从传统方法、深度学习和事件序列三个角度描述基于开源数据的目标跟踪分析方法；针对目标的动态变化，重点介绍了目标行为变化的检测方法和目标活动动向的预测方法。最后，针对开源数据介绍了目标分析的相关案例。

本书适合目标分析人员、目标分析方法研究人员，以及对数据驱动目标分析与预测感兴趣的研究者和专业人士参考，同样也可以作为研究生的教学用书教材，还适合对目标分析研究有热情的软件开发者学习和应用。

图书在版编目（CIP）数据

数据驱动的目标分析技术 / 成清等编著 . -- 北京：国防工业出版社，2025.3. -- ISBN 978-7-118-13660-9

Ⅰ. TP274

中国国家版本馆 CIP 数据核字第 20251NM660 号

※

国防工业出版社出版发行

（北京市海淀区紫竹院南路 23 号　邮政编码 100048）

北京虎彩文化传播有限公司印刷

新华书店经售

*

开本 710×1000　1/16　印张 11¾　字数 200 千字

2025 年 5 月第 1 版第 1 次印刷　印数 1—1500 册　定价 129.00 元

（本书如有印装错误，我社负责调换）

国防书店：(010) 88540777　　　　书店传真：(010) 88540776

发行业务：(010) 88540717　　　　发行传真：(010) 88540762

前　言

　　当今世界正处于数据爆炸的时代，人工智能技术的迅猛发展使得数据成为驱动决策的核心要素。在军事、情报、公共安全等领域，如何从海量、异构、动态的数据中提取有价值的信息，实现对目标的精准分析与预测，已成为关乎国家安全和战略优势的关键课题，本书基于这一背景应运而生。笔者希望通过系统梳理目标分析的理论框架、技术方法与实践案例，为读者呈现一套从数据采集到行为预测的完整知识体系，助力智能化战争时代的决策科学化与行动高效化。

　　目标分析是联合作战指挥的核心环节，贯穿于侦察、规划、打击和评估的全过程。传统目标分析多依赖人工经验和有限数据，难以应对现代战场环境的复杂性。随着开源情报（OSINT）的兴起，社交媒体、卫星图像、船舶自动识别系统（AIS）等数据源的开放，为多维度目标分析提供了前所未有的可能性。然而，如何高效利用这些数据，如何融合传统方法与人工智能技术，如何解决动态环境下的目标行为不确定性，仍是学术界和工业界共同面临的挑战。本书写作目标有三：一是构建理论体系，系统阐述目标分析的内涵、发展脉络及技术框架，明确数据驱动方法在目标识别、跟踪、行为检测与预测中的应用逻辑；二是整合技术方法，从开源数据采集、实体识别、事件抽取到深度学习模型，覆盖目标分析的全流程技术，重点解析传统方法与前沿算法的结合路径；三是推动实践应用，通过军事等领域的实际案例，验证技术方法的有效性，为情报分析、应急响应等场景提供可复用的解决方案。

　　在章节组织上，第 1 章阐述了目标分析技术的发展，从历史视角切入，梳理目标分析从萌芽到智能化的发展历程。通过普法战争、诺曼底登陆、海湾战争等经典案例揭示技术进步如何推动目标分析从人工经验转向自动化、全域化。系统总结了目标分析的内涵和基于开源数据的目标分析内容。第2章介绍了目标分析的开源数据与基础方法，详细解析文本、图像、AIS数据的采集与清洗技术，并深入探讨命名实体识别、事件抽取和目标检测的核心算法。第3章介绍了基于开源数据的目标跟踪分析，通过对基于传统方法、深度学习与事件序列的目标跟踪方法进行介绍，研究目标跟踪不同方法的优势。并创新性提出基于事件序列的目标跟踪方法，通过实体对齐、冲突检测与时空聚类，从分散的文本情报中生成目标活动事件线，实现跨源、跨媒体的目标动态追踪。

第4章介绍了基于图像的目标行为变化检测分析，重点介绍基于图像的目标变化检测和基于自编码网络的异常检测方法，并结合多变量时序模型，解决时序数据的目标异常变化检测。第5章针对目标活动动向的预测分析问题，介绍了基于事件和轨迹的目标动向预测方法。提出了基于协同模式的目标活动事件预测方法和基于深度学习的目标活动轨迹预测方法。第6章介绍面向开源情报的目标分析案例，针对目标活动跟踪、目标活动异常告警和目标活动预测分别进行具体情报案例分析，解决目标分析实践中技术方法的有效应用问题。

本书的独特价值体现在三个方面：一是跨学科融合，将军事学、计算机科学、数据科学深度融合，打破传统学科壁垒，构建面向实战的技术框架；二是技术前沿性强，涵盖大语言模型、注意力机制、时空图网络等最新进展，并提供改进时序知识图谱推理、优化实体对齐算法的原创方案；三是案例导向，理论配有真实场景案例，如海上目标轨迹预测、基于开源数据的目标跟踪，确保知识的可迁移性。

目标分析技术仍处于快速发展阶段，未来，随着多模态大模型、边缘智能等技术的突破，目标分析的实时性、准确性与鲁棒性将进一步提升。我们期待本书能起到抛砖引玉的作用，激发更多学者投身这一领域，共同推动数据驱动决策的科学化与普及化。

编著者

2024年9月

目　录

第 1 章
目标分析技术的发展

1.1 目标分析内涵

美军的《联合目标工作条令》将"目标"定义为"可以被打击或采取行动的对象，其目的是削弱或改变其对敌方的作用"。目标主要分为两类：计划内目标和即兴目标。《目标选择与打击联合条令》则进一步阐释，目标可以是地区、建筑群、设施、军队、装备、作战能力、功能或行为，这些目标被认为能够支持联合部队司令的作战目标、方针和意图[1-2]。

目标分析被视作一项关键的联合作战活动，其要求根据战斗需求和可用的作战资源，对潜在目标进行精准的筛选、排序，并制定相应的反应策略。这一过程不仅是一套标准化的工作流程，更是确保火力资源得到科学、高效利用，以达成既定战斗效果的基石，体现了目标分析的核心价值。在实际作战中，目标分析涉及多个部门的协同合作，包括负责指挥与控制的作战部门、执行侦察与预警任务的情报部门，以及负责战略规划的计划部门，它们共同构成了一个多维度、跨领域的指挥体系[3-4]。精准的目标分析，能够确保每次战术行动都紧密围绕战略意图展开，从而在复杂多变的战场环境中取得优势。例如，诺曼底登陆是盟军在 1944 年 6 月 6 日对纳粹德国占领下的法国发起的一次大规模海上登陆作战，这次行动是第二次世界大战中最大规模的一次海上登陆作战，也是盟军在欧洲战场的重要转折点。在诺曼底登陆的准备和执行过程中，盟军首先进行了深入的目标分析，明确了关键目标，如德军的防御弱点和战略要地，以及如何通过行动来实现这些目标。作战部门负责指挥与控制，制订了详细的作战计划和行动方案，这些方案都是基于对目标的精准分析；情报部门执行了侦察与预警任务，收集了关于德军部署和海滩防御的情报，这些情报为作战计划提供了关键支持；计划部门则负责战略规划，确保整体行动符合盟军的战略意图。这些部门的紧密协同合作，共同构成了一个多维度、跨领域的指挥体系，确保了战术行动紧密围绕战略意图和关键目标展开，从而在诺曼底登陆中取得了决定性的优势。

1.2　目标分析技术的发展

随着科技的进步、武器装备的更新以及作战方式的演变，战争形态经历了从火器时代到机械化战争，再到信息化战争的转变。这一过程中，目标分析的组织结构、信息搜集的内容丰富度以及获取手段，也由最初的简单、单一和人工操作，逐步向多元化、复杂化和智能化方向发展。总体来看，目标分析工作大致经历了三个主要的发展阶段。

萌芽阶段：到第二次世界大战前夕，目标分析工作初现端倪并逐步发展。然而，由于当时科技水平的限制、作战模式的简单性以及打击目标的单一性，在目标分析的形式、内容和方法上都相对原始，处于起步和探索的阶段。普法战争（1870—1871 年）是目标分析在军事战略中应用的早期案例。在这场战争中，普鲁士军队利用铁路等新兴技术，对战争资源进行了初步分析和动员，体现了目标分析在军事行动中的重要性。通过精确识别和分析敌方的关键目标，普鲁士军队能够更有效地集中资源和兵力，从而在战场上取得了战略优势。尽管目标分析方法还处于起步阶段，但已经显示出了目标分析在军事行动中的重要性。

发展阶段：第二次世界大战至冷战结束期间，侦察技术和远程打击武器的发展与应用，使人们开始更加注重对敌方关键目标的打击。目标分析工作因此得到了一定程度的发展，并展现出新的特色。但是，由于打击手段的局限、专业人才的短缺、作战附带损伤的高风险以及核威慑战略的影响，目标分析的发展步伐相对缓慢，未能实现质的飞跃。在第二次世界大战期间的诺曼底登陆中，盟军运用了先进的目标侦察技术，如"邮资已付"行动，通过特种部队对潜在登陆场实施详细的地形/水文侦察，为选择具体登陆时间和地点提供了大量有价值的数据。这些目标侦察行动结合广泛的战前侦察和准确的气象保障，为盟军提供了精确的战术计划，确保了登陆行动的成功。此外，盟军还通过"微光计划"实施电子干扰和欺骗，进一步迷惑德军，确保了战术层面上对目标分析的充分应用。这些行动凸显了目标分析的重要性，展示了多军种联合行动中目标分析的关键作用。

成熟阶段：自冷战结束至今，随着精确制导武器的广泛部署和高技术侦察装备的普及，目标分析的准确性和科学性得到了显著提升，其在作战中的作用日益凸显。然而，这一阶段也暴露出了一些问题，如目标计划流程的不一致性，目标毁伤效果评估的不足和审批权限的过度集中，这些都限制了目标分析效能的充分发挥。这些问题推进了目标工作和分析方法的深刻改革，而这些改革的成效在随后的行动中得到了有效的验证，推动了目标分析的进一步发展与完善。在第一次海湾战争（1990—1991 年）中，联军不仅使用了精确制导武器和高科技侦察装备，还通过深入分析伊拉克军队的关键目标，制订了详细的战术计划。这些计划包括对伊拉克军队指挥控制中心、防空体系、重兵集团等进行全方位、全天候的空袭，以及对战略目标和地面部队进行精确打击。通过这种目标分析，联军能够高效准确地打击敌方的关键节点，从而迅速削弱了伊拉克军队的战斗力。这体现了目标分析在现代战争中的精确性和科学性，以及其在实现军事战略目标中的核心作用。

随着大数据和智能化时代的来临，战争形态正朝着智能化战争演进，预示着未来战争将呈现联合全域作战的新格局。在这一背景下，目标分析作为实现作战目的与手段之间衔接的关键环节，其重要性越发凸显，并将随着科技的进步、战争形态的演变以及作战样式的更新而不断演进[5]。

目标分析的自动化进程能够提高目标分析的生产效率。面对全球范围内多样化的目标类型，包括实体、虚拟、组织和个体目标，往往需要处理和分析庞大的目标数据。为从海量信息中迅速提取关键情报，自动化系统的开发能够替代传统的目标数据库，实现目标分析的快速产出[6]。

随着网络空间、太空和电磁频谱等领域在军事行动中的重要性日益增加，目标分析的发展日趋全域化。通过调整部队的训练重点和战略方向，体现联合全域作战的理念，即在所有作战领域实现能力与效果的整合，以及在竞争和冲突中取得行动和信息的优势。全域化的目标分析将有助于在联合全域作战中实现更高效的协同作战和更精确的决策支持。俄乌冲突中俄罗斯对乌克兰目标的打击，特别是针对电力目标的攻击，已经成为战争的一个重要方面。根据最新的报道，俄罗斯军队在一次大规模的空袭中使用了 127 枚导弹和 109 架无人机，主要针对乌克兰的能源设施目标，造成了乌克兰多地停水停电，基础设施受损严重。此外，乌克兰东部最大发电厂、位于哈尔科夫州的兹米耶夫火力发电厂在俄军的导弹袭击中被摧毁，导致乌克兰损失了 10%~12% 的发电能力，受损电力设施短时间内难以修复。这些行动反映了在现代战争中，对关键目标的破坏可以影响敌方战争潜力和民众士气。因此，目标分析正朝着自动化、标准化和全域化的方向发展，以适应智能化战争时代的新要求，确保在未来战争中保持技术优势和作战效能。

1.3　基于开源数据的目标分析内容

在大数据时代，基于数据的目标分析是至关重要的。当今时代，信息以前所未有的速度增长和积累，而从这些海量数据中提炼出有价值的信息，对个人、企业乃至国家安全决策都有着不可估量的价值。Palantir 公司的技术在目标分析中的应用尤为显著，特别是在 2011 年协助美国中央情报局（CIA）定位并击毙奥萨马·本·拉登的行动中。Palantir 通过整合和分析各种数据源，包括通信记录、金融交易、旅行模式和社交网络等，构建了一个复杂的信息网络。该公司的系统能够识别和追踪潜在的恐怖分子及其关联网络，从而精确地定位本·拉登的隐藏地点。这一过程中，Palantir 采用了先进的目标分析方法，包括模式识别、行为预测和关联分析等，这些方法使情报分析人员能够从海量数据中提取出关键信息，并直接辅助美国军方的斩首行动。这个案例展示了在大数据时代，基于数据的目标分析如何在实现国家安全战略目标中发挥核心作用。

在大数据时代，开源数据的深度分析和挖掘已成为目标分析不可或缺的一环。高效利用这些公开可获取的数据资源，需要运用先进的数据分析技术，如数据挖掘、机器学习以及统计分析，以揭示数据背后有价值的信息和模式。本书对目标分析的内容流程可概括为以下四个关键部分。

1. 开源数据与目标分析基础方法

目标分析已成为一个多维度、跨学科的研究领域，其中开源数据和基础方法发挥着至关重要的作用。本书深入探讨了目标分析的开源数据资源及其获取方法，并对目标实体识别和事件抽取等关键技术进行了全面解析。

首先，介绍了开源数据的基本概念及其在目标分析中的重要性，概述了当前开源数据研究的现状，并详细描述了文本、图片以及自动辨识系统（AIS）数据的采集技术。这些数据源为目标分析提供了丰富的原材料。其次，深入讨论了目标实体识别的基础知识，阐述了其在不同应用领域中的重要价值，并评估了目前研究的进展与面临的挑战。同时，对基于大语言模型的实体识别方法进行了探讨，展望了该领域的发展趋势。事件抽取作为理解文本内容的关键技术，本书介绍了事件抽取的基本概念、评价指标和基准数据集，并分析了常用的事件抽取方法，特别是基于阅读理解的先进事件抽取技术。最后，探讨了基于图像的目标检测方法，包括常用的目标检测框架、经典的目标检测方法，以及基于 YOLOV5 算法的改进措施。这些方法对于从图像数据中识别和分析目标具有重要意义。

2. 目标跟踪分析

本书聚焦基于开源数据的目标跟踪分析，深入探讨了目标跟踪技术的发展现状、传统方法以及现代深度学习方法。目标跟踪是理解目标行为和预测其动向的关键技术。

首先，介绍了目标跟踪的基本概念，奠定了目标跟踪分析的理论基础。其次，详细讨论了传统的基于图像的目标跟踪方法，包括光流法、卡尔曼滤波、粒子滤波等，这些方法通过分析图像序列中的目标变化来进行跟踪，各有优势和局限性。再次，深入分析了基于深度学习的目标跟踪方法，这些方法通过利用卷积神经网络、孪生神经网络等深度学习架构，显著提升了目标跟踪的准确性和鲁棒性。同时，还介绍了典型的深度学习跟踪算法，并探讨了其他创新方法，展示了深度学习在目标跟踪领域的应用潜力。最后，本书还探讨了基于事件序列的目标跟踪方法，特别是事件融合技术和目标活动事件线生成方法，这些方法通过分析文本信息中的事件序列来实现目标跟踪，为非图像数据的目标分析提供了新的视角。

3. 目标行为变化检测分析

随着人工智能（AI）技术的快速发展，目标行为变化检测分析方法已成为这一领域的研究热点。

首先，介绍了基于 AI 的变化检测方法，详细阐述了变化检测的实施过程和主要框架，提供了一个宏观的视角来理解 AI 在变化检测中的作用和实现方式。其次，深入探讨了基于图像的目标变化检测技术，介绍了 STANet 这一先进的图像变化检测方法，它能够有效识别图像中的变化区域。此外，还探讨了基于自编码网络的半监督图像异常检测技术，这种方法在缺乏大量标记数据的情况下依然能够实现高效的异常检测。最后，描述了基于时序数据的目标异常变化检测，详细描述了时序数据变化检测的数学基础，并提出了多变

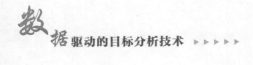

量时序异常检测模型，这些模型能够处理复杂的时序数据，并准确识别出异常模式。

4. 目标活动动向预测分析

目标活动动向预测在当今信息充斥的世界中扮演着至关重要的角色，提供了一种理解和预测个体或集体行为模式的强有力工具。从宏观层面来看，结合轨迹数据和事件数据对目标活动事件的分析，可以识别目标活动趋势和模式，预测可能的目标动向。从微观层面来看，利用详细的轨迹数据，可以对目标的行动路径和行为习惯进行深入分析，从而实现对目标动向的精准预测。宏观与微观相结合的分析方法能够增强对复杂系统的认识，为决策者提供数据支持，优化资源配置，提高应对各种挑战的能力。

第**2**章
目标分析的开源数据与基础方法

2.1 开源数据简介

2.1.1 开源数据研究现状

开源情报的历史可以追溯至"二战"时期甚至更早。如美国"二战"中成立了国外广播监测中心,1947年更名为国外广播情报中心,隶属新成立的中央情报局之下;冷战时期,美国中央情报局还通过开源情报收集了大量国外军事、政治等方面的情报;"9·11"事件之后,随着情报的改革和反恐需求,2005年国外广播情报中心被并入新成立的国家开源情报中心(OSC)。美国2005年11月成立由中央情报局管辖的国家开源情报中心,广泛利用信息网络等新兴技术手段,在全球范围内加强对公开来源信息的搜集、分析和利用,可通过80多种语言实现对160多个国家的网络舆情监测分析,以最大限度获取军事、政治、社会和经济等方面有价值的信息。2006年,美国启动了国家开放源事业计划(National Open Source Enterprise,NOSE),专注公开信息的搜集、共享和分析,而且规定任何情报工作成品必须包含开源成分;美国力图实现"在任何国家,从任何语言"获取开源情报的能力,并已得到了关于相关国家军事、国防、政府、社会和经济方面大量的有价值情报,其中互联网是其主要的开源阵地之一。2008年5月,美国政府启动"国家网络别动部队"(National Cyber Range,NCR)计划,其核心是由军方实施的"超级保密"的"电子曼哈顿计划",在这一标志性的计划中,已经在实施行为建模的研究项目,并且要求精度达到80%。2008年9月,美国国防情报局推出"A-Space"计划,旨在改变传统的情报分析和共享机制,支持国家级的情报分析任务。2009 年美国国防部成立网络战司令部之后,相继推出"基于众包的情报分析""社会媒体战略计划""开源情报指数(OSI)"等项目,在面向网络空间的作战领域率先给予了强大的支持。2013 年 7 月,斯诺登事件曝光了美国国家安全局的电子监听计划,即棱镜计划(PRISM),其中也涉及了对开源情报进行获取与挖掘的相关工作。美国开发了通过挖掘社交媒体开源数据来获取他国军事信息的系统,如利用该系统从俄罗斯新闻媒体上收到部队即将调动部署的信息后,分析人员通过对俄罗斯在社交网站 Instagram 和 Twitter 的多个账号信息跟踪来进行确认,一旦确认需要跟踪的新目标,系统将自动跟踪该目标的所有行动,系统还会将多个目标的信息按时间串联起来,得到更多的情报;分析人员还将综合已知的叙利亚战区形势,推测俄罗斯部队的行动目标,之后通过多个视频片段中的高速路和其他特征物等信息进行确认。

美国国防高级研究计划局(Defense Advanced Research Projects Agency,DARPA)正在开展的项目中,2020 年 3 月 23 日推出"主动情境规划情报采集与监控"(COMPASS)系统原型,利用人工智能等技术分析大量数据,可诠释支持每个假设的证据和产生的结果,揭示各种对抗活动的目的,从而帮助指挥官针对敌方组织的复杂、多层对抗行动作出有效决策,并根据其兵力调动、网络入侵和内部动乱等事件判断内在联系,以及敌方意图达到的战略目的;"知识导向的人工智能推理图谱"(KAIROS)、"世界建模者"(World Modelers)、"大机制"(Big Mechanism)、"复杂作战环境中的因果探索"(Causal Exploration)、"不同来源主动阐释"(AIDA)、"不完全信息博弈复杂军事决策中的串行交互"(SI3-CMD)等项目,旨在自动化地利用呈指数增长的数据信息,将复杂系统的建模与推理相结合,从而辅助国防部快速认识、理解甚至是预测复杂国际和军事环境中的重要事件。借助"下一代人工智能"计划及其一系列的探索项目,在 2020 财年 DARPA 重点支持的 7 个人工智能项目里,大数据采集处理相关技术就有 2 个,即"不同来源主动诠释"(AIDA)项目和"自动知识提取"(AKA)项目。AIDA 项目将开展模糊性多源信息流的重要数据筛选研究,开发一种多假设"语义引擎",根据从各种来源获得的数据,产生对现实世界事件、形势和趋势的显性化释义,解决当今数据环境下的数据繁杂、矛盾和潜在的欺骗问题等。AKA 项目将开发各种技术,使不同的数据和信息源自动集成到一个整体,利用语义技术和机器学习方面的进步,使机器能够在不需要人工干预的情况下完成整个数据集成功能。

AKA 技术主要用来帮助战场作战人员自动建立和维持对目标区域军事、政治、经济、社会和文化的广泛认知。

在开源大数据分析领域，美国公司 Palantir 旗下的 Gotham 是其核心运营和集成信息平台，其能够将多来源的数据转化为具有关联性的知识，并辅以分层分析工具以供用户生成和共享见解。截至目前，其签约合作方包括国土安全部（DHS）、国家安全局（NSA）、联邦调查局（FBI）、疾病预防控制中心（CDC）、海军陆战队、空军、特种作战司令部、西点军校和美国间谍机构等。Palantir 的产品具备先发优势，在数据集成和搜索发现部分形成比较流畅稳定的链路，且拥有较多在军工场景和具体落地方面的经验，积累了较为成熟有效的信息展示和交互方法论。但其较多依赖外部数据源的供给，有限的数据内容局限了它进行信息分析的深度和广度；且该公司在人工智能和算法自动化方面，目前仍处于初期试水阶段，因此使用门槛非常高，需要专家进行操作，使用难度影响了其落地场景的广度。

在开源情报利用方面，我国近几年在不同领域内也开发建设了有一定针对性的网络舆情系统，我国目前投入使用的部分网络舆情系统包括 Autonomy 网络舆情集成系统、方正智思舆情监测分析系统、TRS 互联网舆情信息监控系统、公安部高效校园舆情分析预警智能管理系统平台、Goonie 网络舆情监控分析系统等，这些系统大多通过实时监控 Web 站点、新闻组、论坛、博客、维基等信息源，为用户掌握社会热点信息、舆论导向及突发事件等提供了依据。此外，国内对于互联网公开信息的采集利用还体现在对 ADS、AIS 等民航、民船信息的使用研究上。针对搜船网、保船网等公共网络上实时发布的民船 AIS 信息，博懋信公司研究了 AIS 信息采集软件，为舰船目标的动态监控提供了有效信息源，为国内学者基于 AIS 信息的船舶遭遇研究和 AIS 与雷达目标信息的融合研究提供了信息基础，对降低船舶碰撞事故、改善海上通航环境和提高水面目标航迹精度、目标识别正确率具有重要意义。

随着互联网技术的发展和大众文化水平的提高，面对复杂多变的国际环境，人们对军事新闻的关注度越来越高，越来越多的研究员和媒体网站开始关注军事领域并开展相关方面的研究，互联网上涌现出越来越多的军事新闻内容，开源军事数据规模越来越大，包括新闻文本数据、GPS 数据、图像视频数据等。由于互联网新闻的迭代更新速度快，开源军事数据也具有实时性、离散性、异构性、多元化等特点，其中实时性体现为军事新闻紧跟时事热点的特性，离散性体现为数据在时间上的不连续性，异构性体现在数据结构的不同、语言描述的差异等方面，多元化体现为数据形式的多样性、语言的多样性。

2.1.2 开源文本数据采集

针对开源文本数据的采集，业务流程如图 2-1 所示，主要包含三大模块：任务管理、数据管理、代理管理。任务管理主要包含对任务的增、删、改、查操作，数据管理包含数据的展示、导入导出，代理管理包含对代理地址的增、删、改、查。

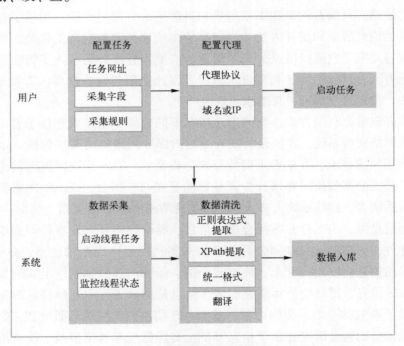

图 2-1 开源新闻采集系统业务流程

由图 2-1 可知，使用新闻采集系统进行开源数据采集的流程为：首先，由用户在前端界面新建任务，如配置任务网址、采集字段、采集规则等，并保存到数据库。其次，单击启动任务，此时在系统主线程里会开启一条任务线程，任务线程根据该任务的网址去相应网站采集数据，并根据采集规则清洗数据。最后，将清洗过的数据入库。在在线获取开源新闻情报的过程中，主要用到了以下几种技术。

（1）数据采集技术。

当前主流的采集数据所使用的库或框架有 Urllib、Requests、Scrapy、PySpider 等。其中：Urllib 比较底层，使用复杂；Scrapy 和 PySpider 封装性太高，不适宜自定义功能；Requests 是一个 Python HTTP 库，主要用于发送和处理 HTTP 请求。底层封装了 Urllib3 库，并且提供了非常友好的 API，可扩展性高。因此，可采用基于 Requests 封装了统一的请求处理类 Crawling，自定义了采集页面、解析页面、下载图片、下载 PDF 等成员方法，以适应各种不同的采集需求。

（2）数据清洗技术。

数据清洗的效果直接关系到后续数据分析、数据挖掘、数据建模的质量。因此，为了清洗质量和保证兼容性，数据清洗使用了 XPath 和正则表达式两种清洗规则。XPath（XML Path Language）是一种 XML 的查询语言，其能在 XML 树状结构中寻找节点。XPath 在 XML 文档中通过元素和属性进行导航。XML 是一种标记语法的文本格式，XPath 可以方便地定位 XML 中的元素和其中的属性值。Lxml 是 Python 中的一个第三方模块，它包括将 HTML 文本转成 XML 对象，以及对对象执行 XPath 的功能。正则表达式又称规则表达式，通常被用来检索、替换那些符合某个模式（规则）的文本。在采集到数据后，可以根据用户建立该任务时配置的采集规则字段对数据进行清洗。用户编写采集规则时可采用 XPath 规则或正则表达式规则，在数据清洗时会自动对该任务的规则类型进行判断，并调用相应的清洗方法。

（3）多任务并发技术。

为提高采集效率，使用多任务并发技术是非常有必要的，即同一时间可以同时运行多项任务。考虑到网络采集需要大量网络 IO，因此使用 Python 多线程技术是比较合适的，它既没有像多进程那样开启一项新任务需要消耗大量系统资源，效率也不够高，也没有像多协程那样编写复杂且不可控。用户每启动一项任务便开启一个线程。为满足监控线程状态、手动停止线程、暂停线程等需求，对 Python 的 Thread 类进行了继承重写，该自定义类在继承了 Thread 类现有功能的基础上，还实现了通过用户给的信号量暂停线程、停止线程等功能。做到了任务线程时刻在主线程的掌握之中不至于脱离管控。

数据规模大、主题丰富以及碎片化是互联网新闻的几大特点，即使有选择地爬取了某些军事新闻网站的内容，获得的数据也是包罗万象的，因此需要进行数据清洗工作。采集到的优质军事新闻和噪声军事新闻的示例分别如

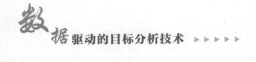

图 2-2 和图 2-3 所示。

> [环球网快讯]香港"东网"刚刚消息，美军尼米兹号航空母舰打击群今晚（5日）由印度洋驶入南海。消息称，由尼米兹号航母、神盾巡洋舰普林斯顿号与神盾驱逐舰斯特雷号等组成的打击群，日前结束在中东的部署行动，启程经印度洋及太平洋回国。根据最新的船舶追踪信息，尼米兹号通过马六甲海峡，并途经新加坡驶入南海。而就在今天，美国"麦凯恩"号导弹驱逐舰5日未经中国政府允许，擅自闯入中国西沙领海。中国人民解放军南部战区新闻发言人田军里空军大校此后表示，南部战区组织海空兵力进行跟踪监视并予以警告驱离。发言人强调，美军的这一行径，是其搞航行霸权加舆论误导"混合操控"的一贯伎俩，严重侵犯中国主权和安全，严重破坏地区和平稳定，蓄意扰乱南海和平、友谊、合作之海的良好氛围。中国对南海诸岛及其附近海域拥有无可争辩的主权。不管南海风云如何变幻，战区部队时刻保持高度戒备状态，坚决捍卫国家主权安全和南海地区和平稳定。

图 2-2 优质军事新闻示例

> 本报北京3月7日电 出席十三届全国人大四次会议的解放军和武警部队代表今天举行第一次全体会议。15位代表结合审议政府工作报告，联系工作实践，围绕新时代国防和军队建设建言献策。大家一致表示，今年是中国共产党成立100周年、"十四五"规划开局之年，要坚持不懈用习近平新时代中国特色社会主义思想和习近平强军思想武装头脑，聚焦建军百年奋斗目标，推进政治建军、改革强军、科技强军、人才强军、依法治军，扎实做好练兵备战、规划开局、改革创新、党的建设等各项工作，在新起点上加快推进国防和军队现代化，不断开创新时代强军事业新局面。许其亮、魏凤和、李作成、苗华、张升民参加会议，张又侠主持。
> 军委机关有关部门领导到会听取了代表的意见和建议。会议结束前，代表团向参加全国两会的解放军和武警部队女代表女委员表示"三八"国际劳动妇女节的祝贺，并通过大家向全军女军人、女文职人员致以美好祝福。（费士廷 宫玉聪）

图 2-3 噪声军事新闻示例

2.1.3 开源图片数据采集

开源图片数据数量与日俱增，经典的有 14 个目标检测相关的开源数据集。

1. 火焰和烟雾图像数据集

该数据集由早期火灾和烟雾的图像数据集组成。数据集由在真实场景中使用手机拍摄的早期火灾和烟雾图像组成，大约有 7000 张图像数据。图像是在各种照明条件（室内和室外场景）、天气等条件下拍摄的。该数据集非常适合早期火灾和烟雾探测。数据集可用于火灾和烟雾的识别与检测、早期火灾和烟雾的识别与检测、异常检测等（图 2-4）。数据集还包括典型的家庭场景，如垃圾焚烧、纸塑焚烧、田间作物焚烧、家庭烹饪等。

2. DOTA 航拍图像数据集

DOTA 是用于航空图像中目标检测的大型数据集，可以用于开发和评估航空图像中的目标探测器。这些图像是从不同的传感器和平台收集的，每张图像的大小在 800×800～20000×20000 像素，包含显示各种比例、方向和形状的对象。DOTA 图像中的实例由航空图像解释专家通过任意（8 自由度）四边形进行注释（图 2-5）。

图 2-4　火焰和烟雾图像

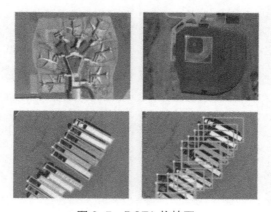

图 2-5　DOTA 航拍图

3. AITEX 数据集

该数据库由 7 个不同织物结构的 245 张 4096×256 像素图像组成。数据库中有 140 个无缺陷图像，每种类型的织物有 20 个，除此之外，有 105 张纺织行业中常见的不同类型的织物缺陷（12 种缺陷）图像（图 2-6）。图像的大尺寸允许用户使用不同的窗口尺寸，从而增加了样本数量。

4. T-LESS 数据集

该数据集采集的目标为工业应用、纹理很少的目标（图 2-7），同时缺乏区别性的颜色，且目标具有对称性和互相关性，数据集由 3 个同步的传感器获得，一个结构光传感器，一个 RGBD 传感器，一个高分辨率 RGB 传感器，从每个传感器分别获得了 39000 训练集和 10000 测试集；此外为每个目标创建了两种 3D 模型，一种是 CAD 手工制作的，另一种是半自动重建的。训练集图片的背景大多是黑色的，而测试集的图片背景很多变，会包含不同光照、遮挡等变换。

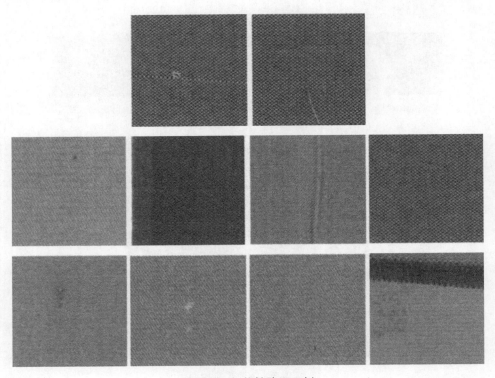

图 2-6 织物缺陷图示例

本数据集的优势在于：①大量与工业相关的目标；②训练集都是在可控的环境下抓取的；③测试集有大量变换的视角；④图片是由同步和校准的传感器抓取的；⑤准确的 6D 姿态标签；⑥每个目标都有两种 3D 模型。

5. H^2O 行人交互检测数据集

H^2O 由 V-COCO 数据集中的 10301 张图像组成，其中添加了 3635 张图像，这些图像主要包含人与人之间的互动（图 2-8）。所有的 H^2O 图像都用一种新的动词分类法进行了注释，包括人与物和人与人之间的互动。该分类法由 51 个动词组成，分为 5 类：

图 2-7　工业器件图

（1）描述主语一般姿势的动词；

（2）与主语移动方式有关的动词；

（3）与宾语互动的动词；

（4）描述人与人之间互动的动词；

（5）涉及力量或暴力的互动动词。

图 2-8　行人交互图

6. SpotGarbage 垃圾识别数据集

图像中的垃圾（GINI）数据集是由 SpotGarbage 引入的一个数据集，包含

2561 张图像，其中 956 张图像包含垃圾，其余的是在各种视觉属性方面与垃圾非常相似的非垃圾图像（图 2-9）。

图 2-9　垃圾图片

7. NAO 自然界对抗样本数据集

NAO 包含 7934 张图像和 9943 个对象（图 2-10），这些图像未经修改，代表了真实世界的场景，但会导致最先进的检测模型以高置信度错误分类。与标准 MSCOCO 验证集相比，在 NAO 上评估时，EfficientDet-D7 的平均精度（mAP）下降了 74.5%。

图 2-10　自然界对抗样本图

8. Labelme 图像数据集

Labelme Dataset 是用于目标识别的图像数据集，涵盖 1000 多个完全注释和 2000 个部分注释的图像（图 2-11），其中部分注释图像可以被用于训练标记算法，测试集拥有来自世界不同地方拍摄的图像，这可以保证图片在续联和测试之间会有较大的差异。该数据集由麻省理工学院的计算机科学和人工智能实验室于 2007 年发布，相关论文有 *LabelMe：a database and web-based tool for image annotation*。

图 2-11　目标识别注释图

9. 印度车辆数据集

该数据集包括小众印度车辆的图像（图 2-12），如三轮摩托车、越野车、卡车等。该数据集由用于分类和目标检测的小众印度车辆图像组成。据观察，这些小众车辆（如三轮摩托车、越野车、卡车等）上几乎没有可用的数据集。

图 2-12　印度车辆

这些图像是在白天、晚上和晚上的不同天气条件下拍摄的。该数据集具有各种各样的照明、距离、视点等变化。该数据集代表了一组非常具有挑战性的利基类车辆图像。该数据集可用于驾驶员辅助系统、自动驾驶等的图像识别和目标检测。

10. SUN09 场景理解数据集

SUN09 数据集包含 12000 个带注释的图像，其中包含 200 多个对象类别。它由自然、室内和室外图像组成（图 2-13）。每个图像平均包含 7 个不同的注释对象，每个对象的平均占用率为图像大小的 5%。对象类别的频率遵循幂律分布。发布者使用 397 个采样良好的类别进行场景识别，并以此搭配最先进的算法建立新的性能界限。

图 2-13　室内外场景

11. Unsplash 图片检索数据集

Unsplash 是迄今为止公开共享的全球最大的开放检索信息数据集。Unsplash 数据集由 250000 多名贡献摄影师创建，并包含了数十亿次照片搜索的信息和对应的照片信息（图 2-14）。由于 Unsplash 数据集中包含广泛的意图和语义，它为研究和学习提供了新的机会。

12. HICO-DET 人物交互检测数据集

HICO-DET 是一个用于检测图像中人-物交互（HOI）的数据集（图 2-15）。它包含 47776 张图像（列车组 38118 张，测试组 9658 张），600 个 HOI 类别，由 80 个宾语类别和 117 个动词类别构成。HICO-DET 提供了超过 150k 个带注释的人类对象对。V-COCO 提供了 10346 张图像（2533 张用于培训，2867 张用于验证，4946 张用于测试）和 16199 人的实例。

图 2-14　图片内容检索

Riding a horse

Feeding a horse

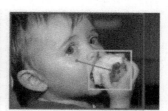
Eating an apple

图 2-15　人物交互图

13. 上海科技大学人群统计数据集

上海科技大学人群统计数据集由 1198 张带注释的群组图像组成。数据集分为两部分：A 部分包含 482 张图像，B 部分包含 716 张图像。A 部分分为训练子集和测试子集，分别由 300 张和 182 张图像组成。B 部分分为由 400 张和 316 张图像组成的序列子集和测试子集。群组图像中的每个人都有一个靠近头部中心的点进行注释。总的来说，该数据集由 33065 名带注释的人组成。A

部分的图像是从互联网上收集的，而 B 部分的图像是在上海繁忙的街道上收集的（图 2-16）。

图 2-16　上海街景

14. 生活垃圾数据集

生活垃圾数据集大约有 9000 张独特的图片。该数据集由印度国内常见垃圾对象的图像组成（图 2-17）。图像是在各种照明条件、天气、室内和室外条件下拍摄的。该数据集可用于制作垃圾/垃圾检测模型、环保替代建议、碳足迹生成等。

图 2-17　生活垃圾

2.1.4　开源 AIS 数据采集

AIS 数据主要来源于数据供应商以及网络上的 AIS 资源平台，AIS 设备所接收的船舶 AIS 信息，主要可分为动态信息、静态信息以及航程信息三大类。动态信息包含船舶的 MMSI 编号、经纬度、转向速率、对地速度、对地航向、船首向、航行状态、位置精确度、AIS 类型、接收时间；静态信息则主要包含船名、MMSI 编号、船舶呼号、船舶类型、船长、船宽、定位设备类型、IMO 编号等；航程信息包含船舶状态、船舶吃水、目的港和预期到达时间等。多层次、全方位的 AIS 数据为分析船舶行为特征、高效进行海事监管和航运监测与预估提供了强有力的信息支持。AIS 数据结构见表 2-1，AIS 数据索引表如表 2-2 所列。

表 2-1　AIS 数据结构

字段名	字段类型	字 段 说 明
index	int(11)	自增序号
MMSI	int(10)	船舶 MMSI
ROT	int(4)	转向率
ClassType	varchar(2)	A：A 类设备 B：B 类设备
PosTime	datetime	定位时间（秒）
Lon	double	经度（单位：1/10000 分）转换为度需要除以 600000
Lat	double	纬度（单位：1/10000 分）转换为度需要除以 600000
Course	int(4)	航向（单位：0.1 度）转换为度需要除以 10
TrueHeading	int(4)	船艏向（单位：1 度）
Speed	int(4)	航速（0.1 节）转换为节需要除以 10
NavigationStatus	int(3)	航行状态 ID
Accuracy	int(1)	定位精度（0：低 1：高）
ReceiveTime	datetime	接收时间（秒）

表 2-2　AIS 数据索引表

列中文名	列英文名	说　　明
匹配度评级	match_level	对该条数据记录的军船与 MMSI 或 IMO 的匹配度进行评价，默认为 0。如无法找到信息或已有记录存在不可解决冲突则为-1，根据 MMSI 或 IMO 匹配到的 AIS 相关信息与已有军船船名的佐证情况由低到高，酌情评价为 0、1 或 2；2 表示基本确认，1 表示缺少部分佐证信息，0 表示状态未知

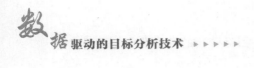

（续）

列中文名	列英文名	说　明
舰船船名中文	ship_name_zh	舰船中文名
舰船船名英文	ship_name_en	舰船的英文全名，可能与简称相同
舰船船名简称英文	ship_name_short_en	舰船的英文名称简称，不包含带有国家的前缀 如 USS、USNS、军事等
舷号	pennant	船舶舷号
船舶 AIS 名	ship_ais_name	AIS 消息中船舶使用名称
船舶 AIS 曾用船名	ship_ais_name_used	记录除 ship_ais_name 外，其他高频曾用船名，以波浪号分隔
MMSI	mmsi	舰船关联的 MMSI
IMO	imo	舰船关联的船舶 IMO 号
呼号	call_sign	舰船关联的呼号
船舶类型	ship_type	舰船类型
船旗/国家	flag	所属国家
描述	annotation	军舰的其他描述性文字说明，如军舰驻舶港口、军舰级、船舶所属国家语言名字等

2.2　目标实体识别方法

2.2.1　实体识别基本概念

命名实体识别（Named Entity Recognition，NER），又称作"专名识别"，是自然语言处理中的一项基础任务，应用范围非常广泛。命名实体一般是指文本中具有特定意义或者指代性强的实体，如人名、地名、机构名、日期时间、专有名词等。NER 通常包括以下两个步骤。

（1）实体的边界识别：确定实体在文本中的起止位置。

（2）确定实体的类型（人名、地名、机构名或其他）：分类实体为人名、地名、机构名等类型。

NER 系统就是从非结构化的输入文本中抽取出上述实体，并且可以根据业务需求识别更多类别的实体，如产品名称、型号、价格等。因此实体的概念非常广泛，涵盖任何业务中需要的特定文本片段。

学术研究中，NER 通常涉及的命名实体包括三大类（实体类、时间类、数字类）和七小类（人名、地名、组织机构名、具体时间、日期、货币、百分比）。

实际应用中，NER 模型通常只需要识别出人名、地名、组织机构名、日期时间，一些系统还会给出专有名词结果（如缩写、会议名、产品名等）。货币、日期和百分比等数字类实体通常可以通过正则表达式处理。此外，在特定应用场景下，还可能识别领域特定的实体，如书名、歌曲名和期刊名等。

2.2.2　实体识别的价值和应用领域

命名实体识别是 NLP 中一项基本且关键的任务，其不仅构成了关系抽取、事件抽取、知识图谱、信息提取、问答系统、句法分析、机器翻译等诸多 NLP 任务的基础，同时还在自然语言处理技术走向实用化的过程中占有重要地位。以下是一些具体的应用场景。

事件检测：地点、时间、人物是事件的基本构成部分，在构建事件的摘要时，命名实体识别能突出相关人物、地点、单位等信息。在事件搜索系统中，这些实体可以作为索引关键词，通过构成事件的几个实体间的关系，可以从语义层面上更详细地描述事件。

信息检索：命名实体可以用来改进检索系统的效果，如区分"重大"与"重庆大学"的不同搜索意图。建立倒排索引时，将命名实体视为单一实体而非切分成多个单词，可避免降低查询效率。此外，搜索引擎正在向语义理解和答案计算的方向发展。

语义网络：语义网络中有很大一部分是命名实体，一般包括概念、实例及其对应的关系，例如"国家"是一个概念，中国是一个实例，"中国"是一个"国家"表达实体与概念之间的关系。

机器翻译：命名实体的翻译（尤其像人名、专有名词、机构名等），常常要遵循某些特殊的翻译规则（例如中国的人名翻译成英文时要使用名字的拼音来表示，有名在前姓在后的规则），而普通的词语要翻译成对应的英文单词。准确识别文本中的命名实体，对提高机器翻译的效果有直接的意义。

问答系统：准确识别出问题的各个组成部分，问题的相关领域、相关概念是问答系统的重点和难点。命名实体识别有助于准确把握问题的各个组成部分，包括相关领域和概念。虽然目前大多数问答系统依赖于关键词匹配来

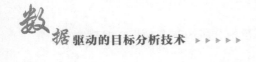

搜索答案，但理想的问答系统应能直接计算并呈现答案。

2.2.3 实体识别的研究现状和难点

在学术界，对命名实体识别（NER）问题是否已解决存在不同观点：一些学者认为，命名实体识别问题已在有限的文本类型（如新闻语料）和实体类别（如人名、地名）中取得显著效果，是一个已经解决了的问题。另一些学者则指出，问题尚未得到充分解决：

（1）实体命名评测语料较小，容易产生过拟合；

（2）命名实体识别更侧重高召回率，但在信息检索领域，高准确率更重要；

（3）通用的、能识别多种类型的命名实体的系统性能较差。

同时，中文的命名实体识别与英文的命名实体识别相比，挑战更大，目前未解决的难题更多。主要原因如下。

（1）汉语文本没有空格这类显式的词边界标示符，因此命名实体的边界识别难度加大，且中文分词与命名实体识别互相影响。

（2）除了英语中定义的实体，特殊实体类型，如外国人名译名和地名译名，在汉语中比较常见。

（3）现代汉语文本，尤其是网络文本，常出现中英文交替使用，此时汉语命名实体识别的任务还包括识别其中的英文命名实体，中英文混用增加了命名实体识别的复杂性。

（4）不同的命名实体具有不同的内部特征，难以使用一个统一的模型来刻画所有实体。

（5）现代汉语的快速发展带来了新的挑战：①标注语料老旧，覆盖不全。例如，近年来起名字的习惯用字与以往相比有很大的变化，以及各种复姓识别、国外译名、网络红人、流行用语、虚拟人物和昵称的涌现。②命名实体歧义严重，消歧困难。

2.2.4 实体识别的发展趋势

命名实体识别一直是 NLP 领域中的研究热点，从早期基于词典和规则的方法，到传统机器学习的方法，再到近年来基于深度学习的方法，命名实体识别研究进展的大概趋势如图 2-18 所示。

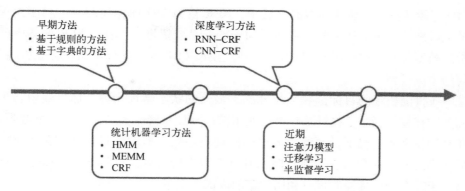

图 2-18　NER 发展趋势

2.2.4.1　基于规则和字典的方法

基于规则的命名实体识别方法一直是早期 NLP 研究中的核心技术之一。这些方法的核心在于使用语言学专家手工构造的规则模板来识别文本中的命名实体，特征选取通常包括统计信息、标点符号、关键字、指示词、方向词以及位置词（如尾字）等。系统主要通过模式匹配和字符串相匹配的方式来工作，依赖庞大的知识库和词典。

这些系统将每个规则赋予权重，以解决规则冲突时的优先级问题，通常选择权值最高的规则来判别实体类型。尽管当规则能精确地映射语言现象时，这些方法的性能通常优于基于统计的方法，但它们也存在明显的局限性。

（1）语言、领域和文本风格依赖性强：基于规则的方法往往只适用于特定的语言、领域或文本风格，因此需要语言学专家为每种新的应用重新设计规则。这限制了系统的可移植性和适应性，导致在新的语言环境或领域中易产生错误。

（2）成本高昂且构建周期长：构建这类系统不仅耗时而且成本高，需要长时间维护和更新。此外，系统的性能提升往往依赖不断扩展的领域特定知识库，这进一步增加了系统维护的复杂性和成本。

2.2.4.2　基于统计机器学习的方法

基于统计机器学习的方法主要包括隐马尔可夫模型（Hidden Markov Model，HMM）、最大熵模型（Maximum Entropy Model，MEM）、支持向量机（Support Vector Machine，SVM）、条件随机场（Conditional Random Field，

CRF）等。在基于机器学习的方法中，NER 被当作序列标注问题。利用大规模语料来学习出标注模型，从而对句子的各个位置进行标注。NER 任务中的常用模型包括生成式模型 HMM、判别式模型 CRF 等。条件随机场是 NER 目前的主流模型。

条件随机场的目标函数不仅考虑了输入的状态特征函数，而且还包含了标签转移特征函数。在训练时可以使用随机梯度下降（SGD）学习模型参数。在已知模型的情况下，预测输入序列的输出序列，即求使目标函数最大化的最优序列，是一个动态规划问题，可以使用维特比算法进行解码。CRF 的优点在于其在进行标注时可以利用丰富的内部及上下文特征信息。

基于统计学习方法的命名实体识别方法具有各自的优缺点。

（1）最大熵模型结构紧凑，具有较好的通用性，主要缺点是训练时间非常高，有时甚至导致训练代价难以承受，而且最大熵模型需要归一化计算，导致开销比较大。

（2）条件随机场为命名实体识别提供了一个特征灵活、全局最优的标注框架，但同时存在收敛速度慢、训练时间长的问题。

（3）一般说来，最大熵和支持向量机在正确率上要比隐马尔可夫模型高一些，但是隐马尔可夫模型在训练和识别时的速度要快一些，主要是由于在利用 Viterbi 算法求解命名实体类别序列的效率较高。

（4）隐马尔可夫模型更适用于一些对实时性有要求以及像信息检索这样需要处理大量文本的应用，如短文本命名实体识别。

2.2.4.3　基于深度学习的方法

继早期基于机器学习的技术后，命名实体识别的研究逐渐转向更复杂且效果更优的神经网络方法。本节将详细介绍两种具有代表性的神经网络模型：NN/CNN-CRF 模型和 RNN-CRF 模型，它们通过不同的网络结构和算法改进，极大地提升了 NER 任务的性能和效率。

1. NN/CNN-CRF 模型

Natural language processing（almost）from scratch 是较早将神经网络应用于命名实体识别（NER）的代表性研究之一。该工作首次提出了窗口方法和句子方法两种网络结构进行 NER。对于窗口方法，模型仅考虑目标词的局部上下文，并通过传统的神经网络结构对每个词单独进行标签预测，这一过程中使用 softmax 函数计算每个标签的概率，此过程类似于传统的分类问题，被称

为词级别的对数似然。而在句子方法中，整个句子被用作输入，模型不仅利用卷积神经网络捕捉局部特征，还通过条件随机场层利用句子中词与词之间的依赖关系，增强了标签预测的准确性，这涉及句子级别的对数似然，即在预测每个标签时，同时考虑了标签转移概率。这种结构的设计显著提升了模型在复杂序列标注任务中的性能。

词级别的对数似然，即使用 softmax 来预测标签概率，当作一个传统分类问题。句子级别的对数似然，其实就是考虑到 CRF 模型在序列标注问题中的优势，将标签转移得分加入目标函数中。后来许多相关工作把这个思想称为结合了一层 CRF 层，后续研究将这种模型称为 NN/CNN-CRF 模型。

2. RNN-CRF 模型

借鉴 NN/CNN-CRF 模型中 CRF 的应用，出现了一系列结合循环神经网络（RNN）和 CRF 层进行 NER 的方法。模型结构如图 2-19 所示。

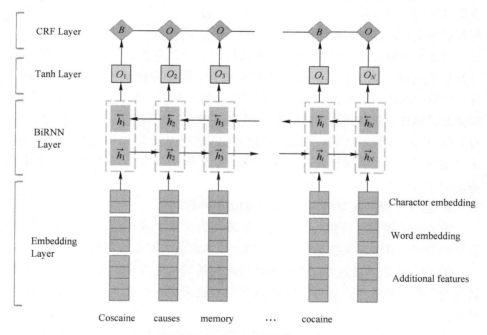

图 2-19　RNN-CRF 模型结构

RNN-CRF 模型结构主要由 Embedding 层（包括词向量、字符向量及其他额外特征）、双向 RNN 层、tanh 激活的隐层以及 CRF 层构成。该模型的主要创新在于使用双向 RNN（常用的有长短期记忆网络 LSTM 或门控循环单元

GRU）替代了 NN/CNN，从而实现了更优的性能。实验表明，RNN-CRF 模型不仅达到了基于丰富特征的传统 CRF 模型的水平，甚至有所超越，成为基于深度学习的 NER 方法中的主流模型。这种模型利用了深度学习的优势，无须复杂的特征工程，仅通过词向量和字符向量就能获得良好的效果，若结合高质量的词典特征，性能可进一步提升。

2.2.5 基于大语言模型的目标实体识别

传统的目标实体识别方法通常将其视为一个序列标注任务，其中模型需要为句子中的每个词分配一个实体类型标签。随着大语言模型（Large Language Models，LLM）的发展，特别是在上下文学习（In-context Learning）框架下，LLMs 在多种 NLP 任务中表现出了强大的能力。然而，由于序列标注任务和生成任务之间的本质差异，原始的 LLM 在 NER 任务上的表现弱于许多有监督模型，难以令人满意。为弥合这一差距，本书提出了一种基于大语言模型的中文目标实体识别方法。

该方法的核心思想是将 NER 任务转换为一个文本生成任务，使其能够被 LLM 轻松适应。具体而言，通过在输入文本中用特殊标记符号 "[e][\e]" 标记实体来实现。例如，任务是识别句子"海马斯是一种火箭炮"中的位置实体时，该任务被转换为生成文本序列 "[e]海马斯[\e]是一种火箭炮"。为有效解决 LLM 的幻觉问题（LLM 过度自信地将 NULL 输入标记为实体），本书还提出了一种自我验证策略，通过提示 LLM 询问自身提取的实体是否属于标记的实体标签。

1. 基于大语言模型的目标实体识别的基本原理

本方法依赖于将目标实体识别任务转化为文本生成任务，并通过少样本示例和自我验证策略来提高模型的准确性。本方法的基本原理如下。

① 序列生成：通过在文本中用特殊标记符号标记实体，将序列标注任务转化为序列生成任务。这样，LLM 只需要生成标记好的文本，而不需要逐字对齐。

② 少样本学习：通过少样本示例，提供任务格式和输出格式的直接证据，指导 LLM 生成一致的输出。

③ 自我验证：通过构建验证提示，询问 LLM 提取的实体是否正确，有效减少模型的过度自信问题。

本方法的步骤如图 2-20 所示，包括任务描述与提示构建、少样本示例检索、输入句子与生成、自我验证和输出标记结果五个部分。

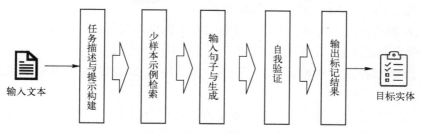

图 2-20　基于大语言模型的目标实体识别方法的实施步骤

（1）任务描述与提示构建。

首先为输入句子构建提示，包括以下两个部分。

① 任务描述：给出任务的概述，例如"你是一个优秀的语言学家，任务是标记中文句子中的[Entity Type]实体"。[Entity Type]表示目标类型实体，如军事、装备、武器、舰船等，可以根据需要设置不同的实体层次和粒度。

② 少样本示例：提供一些少样本示例来指导 LLM 的输出格式，例如：输入：海马斯是一种火箭炮；输出：[e]海马斯[\e]是一种火箭炮。样本可以包含多种类型的语句，数量也可以根据需要和实际情况增加。

（2）少样本示例检索。

为提高示例的相关性，使用 kNN 检索方法从训练集中检索与输入句子语义相似的示例。检索策略包括随机检索、基于句子级嵌入的检索以及基于实体级嵌入的检索。

随机检索：随机从训练集中选择 k 个示例。这种方法简单直接，但检索到的示例可能与输入句子不相关，效果较差。

基于句子级嵌入的检索：使用文本相似度模型（如 SimCSE）计算所有训练样本和输入句子的句子级表示，并使用余弦相似度找到 k 个最相似的示例。这种方法能够找到与输入句子整体语义相似的示例，但可能无法关注到具体的局部实体信息。

基于实体级嵌入的检索：首先使用已训练好的模型提取所有训练样本中的实体级表示，构建数据存储库。对于给定的输入句子，提取其中的实体级嵌入作为查询，找到最相似的 k 个实体，并使用其对应的句子作为示例。这种方法能够更精确地检索到与输入句子中具体实体相关的示例，提高模型的性能。

例如，假设输入句子为"基辅位于乌克兰"，我们希望检索到包含"基辅"这一位置实体的示例。具体步骤如下。

① 数据存储库构建：使用已训练的实体识别模型提取训练集中每个句子的实体及其嵌入表示，构建（实体，句子）对的存储库。

② 表示提取：对输入句子进行编码，提取其中实体"基辅"的嵌入表示。

③ kNN搜索：使用"基辅"的嵌入表示作为查询，在数据存储库中找到 k 个最近邻的实体及其对应句子，作为少样本示例。

通过这种方式，检索到的示例能够更好地指导模型生成一致且准确输出，提高任务性能。

（3）输入句子与生成

在构建完任务提示和选择相关的少样本示例后，将输入句子提供给 LLM 并生成标记好的文本。具体步骤如下。

① 输入句子：将需要处理的输入句子与构建好的任务提示和少样本示例一起，作为输入提供给 LLM。例如，输入句子为"基辅和布鲁塞尔的指挥官们低估了俄罗斯的军事能力"。

② 生成标记好的文本：LLM 根据输入的提示和少样本示例，生成带有标记的输出文本。例如，LLM 输出"[e]基辅[\e]和[e]布鲁塞尔[\e]的指挥官们低估了[e]俄罗斯[\e]的军事能力"，其中用特殊标记符号[e][\e]标记出的实体是模型识别出的命名实体。

这种方法通过将 NER 任务转化为文本生成任务，使 LLM 能够在序列生成的框架下执行序列标注任务，提高了模型的适应性和准确性。

2. 自我验证

提取实体后，通过构建验证提示来进行自我验证，例如输入文本：美国认为，扩建定居点是以色列与巴勒斯坦实现和平的障碍，"以色列"是一个位置实体吗？请回答是或否。自我验证策略通过询问 LLM 自身提取的实体是否正确，从而减少幻觉问题，提高模型的准确性。

3. 输出标记结果

输出标记结果是指在经过输入句子处理和自我验证后，最终输出标记好的结果。这一步骤包括以下两点。

① 整理结果：将经过验证的标记好的文本进行整理，生成最终的标记结果。例如，将"[e]基辅[\e]和[e]布鲁塞尔[\e]的指挥官们低估了[e]俄罗

斯[\e]的军事能力"整理为"基辅"、"布鲁塞尔"和"俄罗斯"是地理位置实体。

② 输出结果：将最终的标记结果输出，供后续使用。例如，输出的结果可以是一个结构化的数据格式，便于后续的数据处理和分析。

4. 基于大语言模型的目标实时识别案例

从凤凰网军事新闻中抽取了一段内容，利用本文提出的方法进行特定类型目标实体抽取，其流程如下。

（1）输入提示词。

该任务的提示词为"你是一个优秀的语言学家"，任务是标记中文句子中的"地理位置"实体。

（2）少样本示例。

输入：伊朗海军司令沙赫拉姆·伊拉尼当地时间 19 日抵达巴基斯坦。报道称："伊朗伊斯兰共和国海军司令沙赫拉姆·伊拉尼应巴基斯坦同事的邀请抵达伊斯兰堡进行为期三天的正式访问……

输出：伊朗海军司令沙赫拉姆·伊拉尼当地时间 19 日抵达[e]巴基斯坦[\e]。报道称："[e]伊朗[\e]伊斯兰共和国海军司令沙赫拉姆·伊拉尼应[e]巴基斯坦[\e]同事的邀请抵达[e]伊斯兰堡[\e]进行为期三天的正式访问……"

（3）输入文本。

西班牙《公众》日报网站 6 月 17 日报道称，北约的防长们重申了对基辅政府的支持，承诺为乌克兰对俄罗斯发起的缓慢反攻提供更多武器，并概述了北约维尔纽斯峰会的议程。报道称，将于 7 月举行的维尔纽斯峰会将不得不重新定义乌克兰与北约之间并不明确的关系，以及越来越多地卷入一场已持续近 16 个月、没人知道如何能让其停止的冲突的北约的未来。报道指出，在布鲁塞尔举行的北约防长会议被战争的阴影和正在进行中的乌克兰反攻的糟糕结果笼罩，尽管北约对乌克兰的反攻寄予了厚望。美国智库战争研究所对这场战争的进程提供了详细的分析报告。战争研究所认为，乌克兰军队可能正在进行试探，以便随后启动大规模攻势。

（4）生成文本。

西班牙《公众》日报网站 6 月 17 日报道称，北约的防长们重申了对基辅政府的支持，承诺为[e]乌克兰[\e]对[e]俄罗斯[\e]发起的缓慢反攻提供更多武器，并概述了北约[e]维尔纽斯[\e]峰会的议程。报道称，将于 7 月举行的[e]维尔纽斯[\e]峰会将不得不重新定义[e]乌克兰[\e]与北约之间并不明确的关系，以及越来越多地卷入一场已持续近 16 个月、没人知道如何能让其停止的冲突的北约的未来。报道指出，在[e]布鲁塞尔[\e]举行的北约防长会议被战争的阴影和正在进行中的[e]乌克兰[\e]反攻的糟糕结果笼罩，尽管北约对[e]乌克兰[\e]的反攻寄予了厚望。[e]美国[\e]智库战争研究所对这场战争的进程提供了详细的分析报告。战争研究所认为，[e]乌克兰[\e]军队可能正在进行试探，以便随后启动大规模攻势。

（5）自我验证。

采取逐句验证的方法，如输入文本：报道指出，在[e]布鲁塞尔[\e]举行的北约防长会议被战争的阴影和正在进行中的[e]乌克兰[\e]反攻的糟糕结果笼罩，"布鲁塞尔"是一个位置实体吗？请回答是或否……

2.3 事件抽取方法

2.3.1 事件抽取基本概念

2.3.1.1 事件

事件作为信息的一种表现形式，其定义为特定的人、物在特定时间和特定地点相互作用的客观事实。在话题检测与跟踪（Topic Detection Tracking, TDT）中，事件是指关于某一主题的一组相关描述，这个主题可以是由分类或聚类形成的[7]。组成事件的各元素包括事件触发词、事件类型、事件论元和论元角色[8]。

2.3.1.2 事件抽取

事件抽取（Event Extraction）是一种面向非结构化文本或半结构化数据的信息抽取（Information Extraction）任务[9]，与传统面向知识图谱的实体、关系、属性等信息抽取有所不同的是，事件抽取，抽取的是"事件"，即某些事物在时空范围内的运动。在自动内容提取（Automatic Content Extraction, ACE）测评会议中，事件被描述成："在特定时间内发生的，同时有参与者的，存在状态变化的事情"。例如，"伦纳德压哨绝杀，猛龙淘汰 76 人闯进东部决赛"中描述了具体的事件，这样的句子也被称为事件提及，包含"伦纳德"、"猛龙"、"76 人"、"东部决赛'这些事件要素。而事件抽取的目的，正是从非结构化、半结构化的事件提及中将结构化的事件要素提取出来从而进行分析。事件抽取是不少任务的前置模块，对于事理图谱构建、情报分析、新闻摘要、自动问答等任务均有着重要的作用，事件抽取的准确程度也会显著地影响后续任务的效果。

简而言之，事件抽取就是从文本中抽取出核心元素，包括发生的时间、地点、参与角色以及与之相关的动作或者状态的改变，如图 2-21 所示。

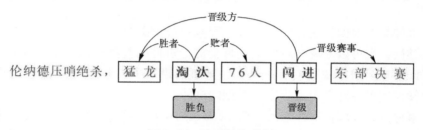

图 2-21　事件抽取范例

给定一条文本，事件抽取技术可以识别文本中提及的事件，每个事件对应的事件触发词和事件参数，并对每个参数的角色进行分类，如表 2-3 所示。如对于句子"伦纳德压哨绝杀，猛龙淘汰 76 人闯进东部决赛"，事件抽取系统需要识别出两个事件（竞赛行为-胜负事件和竞赛行为-晋级事件），分别由词语"淘汰"和"闯进"触发。对于"胜负"事件，"猛龙""76 人"分别扮演了胜者、败者的角色；而对于"晋级"事件，"猛龙""东部决赛"分别扮演了晋级方、晋级赛事角色。可见，实体"猛龙"同时在两个事件中承担了某种事件角色。

表 2-3　事件抽取示例

句　　子	伦纳德压哨绝杀，"猛龙"淘汰"76 人"闯进东部决赛		
事件类型	竞赛行为-胜负	事件类型	竞赛行为-晋级
事件触发词	淘汰	事件触发词	闯进
时间	—	时间	—
胜者	"猛龙"	晋级方	"猛龙"
败者	"76 人"	晋级赛事	东部决赛
赛事名称	—	赛事名称	—

一般来说，根据是否有明确的、事先定义好的事件模式，可以将事件抽取分为封闭域事件抽取（Close-domain Information Extraction，也有称为限定域事件抽取）与开放域事件抽取（Open-domain Information Extraction）。封闭域事件抽取的主要任务包括以下内容。

触发词检测：触发词（Trigger）是事件抽取中的重要信息，一般出现在事件提及中，最能明确表达发生事件的词，一般是动词或名词。例如，在"20 年前的春天，他出生了"句子中，"出生"为该事件提及文本中的事件触发词。

事件类型检测：通过分类等方式得到事件的类型，由于触发词在事件中的关键性，也可以被视作触发词类型检测。事件的类型取决于事件模式的设计，或事理图谱模式的设计。例如，某事件模式中将包含"咬伤""砍死"等触发词的事件定义为"伤害"类型的事件。

事件论元抽取：事件论元（Event Argument）是指事件中的参与者，包含实体、时间、数值、文本等数据组成。例如，"张三在 2022 年成功晋升"中的"张三""2022 年"均为"晋升"事件的事件论元。

论元角色识别：根据事件模式或事理图谱的定义，将抽取的事件论元按照其在事件中扮演的具体角色进行分类。例如，在某"公安事理图谱"中的"张三""李四"等在其对应的犯罪记录中均为"加害者"这一事件角色。

根据上述不同事件抽取任务得到的数据，可以明确地描述一个具体的事件。一个完整的封闭域事件抽取系统，应当以联合模型（Joint Model）或流水线方法（Pipeline）得到上述的内容，或者至少得到触发词、论元[10]。

而开放域事件抽取与封闭域事件抽取不同，没有明确的事件模式，因此构建开放域事件抽取不拘泥于精确地将事件具体要素进行精确抽取，其主要目的一般是通过聚类、文本语义分割等无监督手段，在开放的文本数据中分析、检测出事件，以供后续的分析。开放域事件抽取在舆情感知、舆情分析、情报分析、股市情绪调研等应用中有着重要的作用。开放域事件抽取的主流任务基本可分为以下几项。

事件分割：也称为故事分割，给定一段文本（如新闻、论坛发言等），检测出不同事件的边界。例如，央视"今日新闻简讯"中包含了当日多条要闻，有的新闻条目使用了多段文本描述，有的文本段落中一次包含了多条新闻，将它们分离成独立的事件文本片段即为本任务的目标。

事件发现：在新闻、论坛发言等文本中，检测出新的事件（New Event

Detection）。常用于舆情系统等应用。

事件追踪：在新闻、论坛发言等文本中，检测同属于之前的已有事件的文本片段，通过此方式追踪事件（Event Tracking）的发展情况。常用于舆情系统等应用。

开放域事件抽取并没有像 ACE 那样公认、权威的任务范式，因此上述分类可能根据实际应用场景、数据集等条件产生变动。但一般来说，开放域事件抽取的粒度较粗，一般不会对具体的触发词类型、论元角色层面的信息进行抽取。

2.3.2　事件抽取的评价指标

事件抽取的评价指标主要为 P、R、$F1$。其中 P 为准确率（Precision），$P=$正确抽取结果数/抽取结果总数[11]；R 为召回率（Recall），$R=$正确抽取结果数/需抽取结果总数，$F1=2\times P\times R/(P+R)$。对于自动抽取系统或将事件抽取作为信息处理流水线的一部分时，应尽量提高 $F1$ 指标，以降低抽取错误造成后续步骤的错误累积；在有人工干预的事件抽取系统中，应在保证一定 $F1$ 指标的基础上，尽量提升召回率指标，以尽量确保抽取时不漏抽。

在评测事件抽取模型或系统时，一般使用上述指标分别对事件模式中的各部分子任务分别进行评价[12]，例如，在相关论文中一般会同时汇报 TI（Trigger Identification，触发词识别）、TC（Trigger Classification，触发词分类，即事件类型分类）、AI（Argument Identification，论元识别）、AC（Argument Classification，论元分类，即论元角色分类）四个子任务的 P、R 和 $F1$ 值[13]。

2.3.3　事件抽取基准数据集

2.3.3.1　ACE 事件语料库

ACE[14]注释任务对应于三个研究目标：实体检测和跟踪（Entity Detection and Tracking，EDT）、关系检测和表征（Relationship Detection and Characterization，RDC）以及事件检测和表征（Event Detection and Characterization，EDC）。此外，还有一个注释任务，即实体链接（Entity Linking，LNK），其目标是将对单个实体及其所有属性的所有引用分组到一个复合实体中。

实体检测和跟踪（EDT）是核心注释任务，为所有后续任务奠定基础。在之后的 ACE 任务中，确定了七种实体类型：人员、组织、位置、设施、武器、车辆和地缘政治实体（Geographic Political Entity，GPE）。每种类型进一步细分为子类型。注释器标记了文档中每个实体的所有提及，无论是命名提及、名义提及还是代名词提及。对于每次提及，注释器都识别出代表实体的字符串的最大范围，并标记每个提及的头部，嵌套提及也被捕获。每个实体根据其类型和子类型进行分类，并根据其特定类别、通用、属性、负面量化或未指定类别进一步标记。在 LNK 注释任务期间，注释器审查整个文档，将同一实体的所有提及归组在一起。关系检测和表征（RDC）涉及实体间关系的识别。此任务已添加到 ACE 的第 2 阶段。RDC 具有物理关系，包括位置、近处和部分整体；社会/个人关系，包括商业、家庭和其他；一系列的就业或会员关系；工件与代理商之间的关系（包括所有权）；从属关系，如种族；人与 GPE 之间的关系，如公民身份；话语关系。对于每种关系，注释器都能识别出两个主要参数（链接的两个 ACE 实体）以及关系的时间属性。由明确的文本证据支持的关系与那些依赖读者的语境推理的关系不同，ACE 阶段 3 增加了一项新的挑战——事件检测和表征（EDC）。在 EDC 中，注释器识别并描述了 EDT 实体参与的五种类型的事件。目标类型包括交互、移动、转移、创建和销毁事件。注释器为每个事件标记文本提及或锚点，并按类型和子类型对其进行分类。根据特定类型的模板可进一步确定事件参数（代理、对象、源和目标）和属性（时间、位置以及其他类似工具或目的）。ACE 事件语料库中的事件具有复杂的结构和参数，涉及实体、时间和值。ACE 2005 事件语料库定义了 8 种事件类型和 33 种类型，每种事件子类型对应一组参数角色，所有事件子类型共 36 个参数角色[15-16]。

2.3.3.2　MUC 语料库

MUC（Message Understanding Conference）是最早产生支持事件共指任务的语料库。其五大评测任务分别是命名实体识别、共指消解、模板元素填充、模板关系确定和场景模板填充。数据语料主要来自新闻语料，限定领域为飞机失事报道和航天器发射事件报道。MUC 评测中心围绕一个"场景"，根据关键事件类型和与它相关的各种角色定义。但是 MUC 未正式定义/评估事件共指，事件共指任务需要作为场景模板填充任务的一部分执行的任务。在此填充任务中，必须为文档中提到的每个事件填充一个模板（由各种事件角色/属性组成）。因此，在文档中提到两个事件时，其中一个或两个模板应该通过确定它们是否具有共指关系来填充[17]。

2.3.3.3　TDT 语料库

TDT 的概念最早产生于 1996 年，当时美国 DARPA 根据自己的需求，提出要开发一种新技术，能在无人工干预的情况下自动判断新闻数据流的主题。1997 年，研究者开始对这项技术进行初步研究，并做了一些基础工作（包括建立了一个针对 TDT 研究的预研语料）。当时的研究内容包括寻找内在主题一致的片断，即给出一段连续的数据流（文本或语音），让系统判断两个事件之间的分界，而且能自动判断新事件的出现以及旧事件的再现[18]。从 1998 年开始，在 DARPA 支持下，美国国家标准技术研究所（National Institute of Standards and Technology，NIST）每年都要举办话题检测与跟踪国际会议，并进行相应的系统评测。2002 秋季召开了 TDT 的第五次会议（TD7 2002）。这个系列评测会议作为 DARPA 支持的跨语言信息检测、拍取和总结（Translingual Information Detection，Extraction and Summarization，TIDES）项目下的两个系列会议［另一个是文本检索会议（Text REtrieval Conference，TREC）］之一，越来越受到人们的重观。

TDT 会议采用的语料是由会议组织者提供并由语言数据联盟（Linguistic Data Consortium，LDC）对外发布的 TDT 系列语料。目前，已公开的训练和测试语料包括 TDT 预研语料（TDT Pilot Corpus）、TDT2 和 TDT3，这些语料都人工标注了若干话题作为标准答案。TDT2 和 TDT3 收录的报道总量多达 11.6 万篇，从而很大程度上避免数据稀疏问题的影响，同时也能很好地验证算法的有效性[19]。总的来看，TDT 系列评测会议呈现两大趋势：一是努力提高信息来源的广泛性，不仅包括互联网上的文本数据，还包来自广播、电视的语音数据；二是强调多语言的特性，从 1999 年开始，TDT 会议引入了对汉语话题的评测，2002 年又计划增加阿拉伯语的测试集。

2.3.3.4　KBP 语料库

知识库生成测评（Knowledge Base Population，KBP），在 2014 年首次加入事件抽取的评测。2016 年起，KBP 的评测语料从英文扩展为中文。KBP 2016 提供了 200 篇标注的英文文档、20 万词的中文文档以及 12 万词的西班牙文文档用于评测，但并未提供训练语料。TAC 会议下的 KBP 评测下的实体槽填充（Entity Slot Filling，ESF）任务，可以视作传统的关系抽取任务。该任务主要是抽取关于人物的 25 种属性和组织的 16 种属性[20]。主要是使用维基百科快照作为现有的知识库，从现有的新闻或者网络文本中获取关于实体的现有信息和更新信息，以构建知识库。

2.3.3.5 ECB 语料库

事件共指消解（Event Coreference Resolution，ECB）语料库主要用于研究如何在不同文本中识别和链接描述同一事件的多个提及。在 ECB 及其改进版 ECB0.1 中，事件可以表示为准时的、持续的或静态的谓词，描述"某物获得或保持真实的状态或情况"[21]。ECB 中包含跨文档和文档内两种事件共指链，并且包含 43 种事件类型。因为它主要关注与跨文档的共指消解，所以部分标注了文档内的事件链。ECB+语料库[22]在 ECB0.1 的基础上作了扩展，合并更多标注文档并根据新的标注方式重新标注了现有文档。它还通过将事件建模为四个参数（动作、时间、位置和参与者）的组合来扩展事件定义。

2.3.3.6 CEC

中文事件语料库（Chinese Event Corpus，CEC）由上海大学语义智能实验室构建，包含 CEC-1 和 CEC-2 两个语料库包。其中，从互联网上收集了 5 类（地震、火灾、交通事故、恐怖袭击和食物中毒）突发事件的新闻报道作为生语料，然后再对生语料进行文本预处理、文本分析、事件标注以及一致性检查等处理，最后将标注结果保存到语料库中[23]，CEC 中文档合计 332 篇。与 ACE 事件语料库和 TimeBank 语料库相比，CEC 的规模虽然偏小，但是对事件和事件要素的标注最为全面。

2.3.4 事件抽取常用方法

事件抽取任务早在 20 世纪 50 年代便有研究者开始研究，传统的事件抽取方法一般以相关领域专家手工编写规则、指定模板匹配等方式实现。随着网络信息的爆炸式增加，传统的方法开始无法胜任新的需求，基于统计机器学习的方法、深度学习模型等新的技术应运而生，大幅提高了事件抽取任务的效果。本节将介绍上述几种方法的典型代表。

1. 基于模式匹配的事件抽取

基于模式匹配的事件抽取方法一般需要领域专家人工构建规则与模板[24]，这些规则与模板通常会以词典、正则、语法树等形式进行匹配。典型的事件抽取专家系统（如 AutoSlog、PALKA）以及后续使用部分统计或学习方法来改善规则的系统（如 CRYSTAL、AutoSlog-ST 等）都是基于这种形式实现的抽取（图 2-22）。

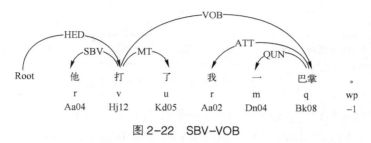

图 2-22　SBV-VOB

　　图 2-22 为一个典型的模式匹配规则（SBV-VOB），当句子中仅含有单个主语和宾语，且谓语不是系动词或助动词时，则谓语动词一般是触发词[25]。这类基于模式匹配的方法通常包含构建与抽取两个步骤，即事先在语料上发掘出规则，然后将规则应用到新的待抽取文本上进行匹配，如图 2-23 所示。

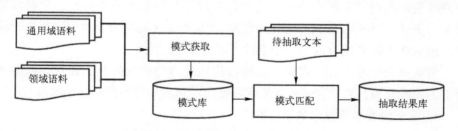

图 2-23　基于模式匹配的事件抽取流程

　　基于模式匹配的事件抽取方法虽然时间久远且限制较多，但它有着很好的可解释性，以及对精标注数据的数据量要求不高，即使在近期也有相关研究在推进。相比经典的专家系统，这些较新的系统有一定的能力自动从通用语料和领域语料中自动挖掘或生成对应的模式，在一定程度上可以降低人力成本。但一般来说此类方法的准确率依然受限。

2. 基于机器学习技术的事件抽取

　　基于模式匹配的方法通常需要大量人力资源，且效果不佳，特别是在迁移到新的领域数据上时需要重新挖掘模式，因此，基于统计机器学习的方法在 21 世纪后逐渐替代了传统的模式匹配方法（图 2-24）。

　　图 2-24 展示了经典的机器学习事件抽取流程，其中事件装配（Event Assembling）一般是对分类结果的后处理，如事件合并、聚类等。比较典型的统

计机器学习方法包括 MEM、SVM、CRF 等，一般来说此类工作的特点是作者会精心根据数据集和模型选择特征（如 POS、bigram 等），并将问题视为分类问题[26]。

图 2-24　经典机器学习事件抽取流程

对于触发词识别、论元识别等，一般使用 CRF 等方法将问题建模为序列标注任务，如 COLING 2012 在 *Joint Modeling of Trigger Identification and Event Type Determination in Chinese Event Extraction* 中利用马尔可夫随机场进行序列标注，得到了很好的效果。

图 2-25 为经典工作 *Complex event extraction at PubMed scale* 的事件抽取流水线方法，其中步骤 A 为句法树依存分析，步骤 B 为利用 CRF 和已有特征进行命名实体识别，步骤 C 为利用分类模型对每个词单独分类从而识别触发词类型，步骤 D 为在触发词和实体间使用 SVM 构造多标签分类模型进行连边检测，最后在步骤 E 组合成为一个事件[27]。

传统机器学习方法面临如何选择或构建合适的特征问题，并且难以融入外部的先验知识，因此在近年深度学习技术高速发展的浪潮中逐渐被替代。

3. 基于深度学习技术的事件抽取

深度学习是机器学习技术的一个分支，通过深层神经网络解决了传统机器学习方法学习能力有限，无法通过持续增加数据量提升学习到的知识总量的问题，并有一定的自动表征能力，解放了设计机器学习模型时设计与构建特征的难题[28]。近年来，随着算力和数据的共同发展，深度学习在自然语言处理等领域得到了广泛的研究与应用，最新的事件抽取方法大多是基于深度学习模型构建的。

基于深度学习的事件抽取模型五花八门，并随着深度学习模型的发展而提出更多、更新的方法。例如，可以与 TextCNN 一样使用卷积神经网络来提取文本的特征，然后送入分类模型进行分类，或进行序列标注；也可以利用长短记忆神经网络（Long Short Term Memory networks，LSTM）的链式网络结构对句子中各个词的上下文关系进行建模，以提升效果；抑或使用 BERT（Bidirectional Encoder Representations from Transformers）等预训练语言模型，在大规模预训练的基础之上再对事件抽取任务进行微调[29]。

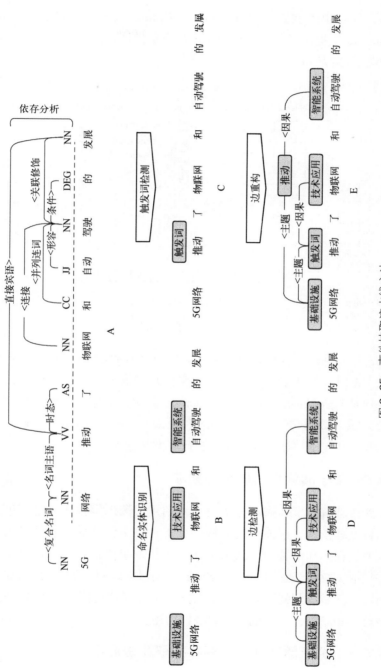

图 2-25　事件抽取流水线方法

例如，ACL 2015 在 *Event Extraction via Dynamic Multi-Pooling Convolutional Neural Networks* 中提出了一种典型的深度学习事件抽取模型，其论元分类的模型结构如图 2-26 所示。

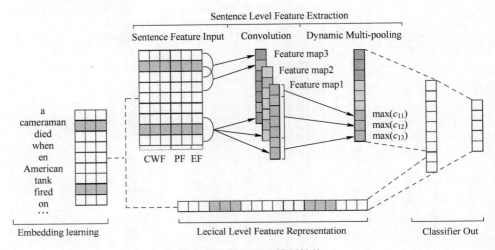

图 2-26　论元分类模型结构

首先，使用词嵌入（Word Embedding），得到词表中单词的表示向量；当输入一段文本时，将文本中实体的表示向量从词嵌入中查出，作为词汇特征表示（Lexical Level Feature Representation）。其次，对整个句子使用 CNN+最大池化的方式，得到句子的特征表示（Sentence Level Feature）。最后，将实体的词汇表示和句子特征拼在一起，进行分类并输出。

2.3.5　基于阅读理解的事件抽取

基于阅读理解的事件抽取方法是一种利用阅读理解技术来进行事件抽取的自然语言处理技术。这种方法的核心思想是将事件抽取问题转换为阅读理解任务，通过提问和回答的形式来从文本中提取事件信息。采用基于阅读理解的事件抽取，总体流程图如图 2-27 所示。具体步骤包括生成针对事件类型的关键问题，然后利用阅读理解模型在文本中寻找这些问题的答案[30]。提取的答案被进一步结构化，形成完整的事件描述。

2.3.5.1　基于阅读理解的事件抽取算法建模

军事事件抽取是将军事情报信息中指定的事件信息抽取，并结构化地表

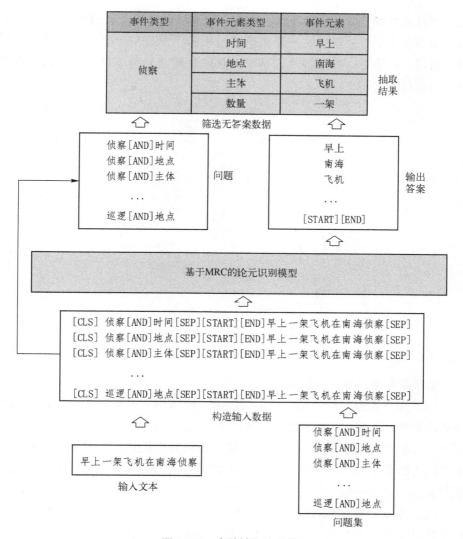

图 2-27　事件抽取流程图

现出来，包括军事事件的时间、地点、主体、客体、类型等，通常利用深度
学习方法，事件抽取拥有时间维度，可以与时俱进地迭代学习，是知识图谱
知识更新的重要手段。

　　针对构建知识图谱的需求，本节将文本新闻流按照其报道的事件进行组
织，对其中的军事活动事件进行检测与追踪，通过学习以前报道的军事活动
事件的结构形式，从新发布的军事新闻中发现新的军事事件，跟踪军事目标

相关事件的发展，以便让指导员了解历史军事活动情况及其进展[31]。具体而言，本节采用事件抽取技术从开源新闻情报和闭源日报中剥离出军事事件的核心要素，再通过一系列自然语言处理技术将其整合为事件对象，最后以图谱的形式呈现（图2-28）。

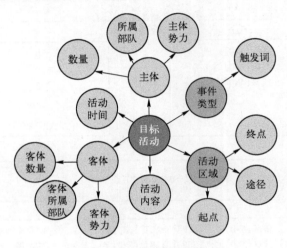

图 2-28　军事事件结构

军事新闻事件抽取步骤如下所示。

（1）军事情报数据清洗：数据清洗的目标是筛选出包含军事目标及其相关活动事件的新闻句子，先通过定制规则的方法对整条新闻进行粗筛，再对切句后的新闻句子使用命名实体识别技术得到其中的地点和日期，同时基于正则方法匹配得到句子中的军事目标名称，进而根据目标名称、时间、地点等要素的有无判断句子中是否包含军事活动。

（2）军事事件结构设计：事件结构应根据文本数据特点进行详细设计，本节针对军事新闻数据定义的事件对象包含主体、客体、事件类型、活动时间、活动区域等要素，如图2-28所示。

（3）数据标注：按照设计的事件结构，将新闻文本中的事件要素一一标注出来，用作训练数据，训练数据质量的好坏与事件抽取模型的训练效果息息相关。具体来说，先基于清洗后的新闻文本对历史新闻事件的结构进行统计分析，设计适用于开源军事新闻的 schema，再根据 schema 使用自研的数据标注系统进行数据标注（数据标注界面如图2-29所示），得到训练集（图2-30）和验证集。

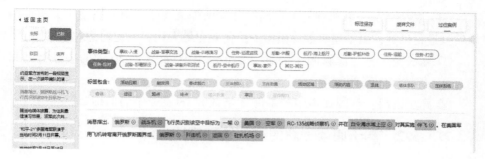

图 2-29　数据标注系统界面

```
{
  "text":
"[文/观察者网张轩豪]美国海军"艾森豪威尔"号航空母舰于3月
8日穿过直布罗陀海峡进入了地中海。",
  "event_list": [
    {
      "event_type": "航行-海上航行",
      "arguments": [
        {
          "argument_start_index": 15,
          "role": "主体",
          "argument": ""艾森豪威尔"号航空母舰"
        },
        {
          "argument_start_index": 28,
          "role": "时间",
          "argument": "3月8日"
        },
        {
          "argument_start_index": 34,
          "role": "途径",
          "argument": "直布罗陀海峡"
        },
        {
          "argument_start_index": 43,
          "role": "终点",
          "argument": "地中海"
        },
        {
          "argument_start_index": 11,
          "role": "势力",
          "argument": "美国"
        }
      ]
    }
  ]
}
```

图 2-30　训练集数据示例

45

（4）模型训练：将标注好的数据拆分为训练集和验证集，构建相关事件抽取模型进行训练，调整超参数使模型的泛化能力最大化。模型的输入输出如下。

① 算法输入：开源新闻 schema（schema 内容如图 2-30 中的事件类型和论元），待抽取的新闻文本。

② 算法输出：新闻文本中的事件（格式和 schema 中的训练数据类似）。

2.3.5.2　基于阅读理解的事件抽取算法设计

1. 联合事件抽取方法

（1）序列标注方法。

在联合抽取中，序列标注方法是将事件抽取看作一个序列标注任务。具体过程是通过合并事件类型和事件论元当作一个标签来实现。假设现有三种事件类型，分别是侦察、巡逻、演习，每种事件类型的论元有主体、时间、地点[32]。那么合并后的标签为侦察_主体、侦察_时间、侦察_地点等，如表 2-4 所示。

表 2-4　标签合并示例

事 件 类 型	事 件 论 元	合并后标签
侦察	主体	侦察_主体
	时间	侦察_时间
	地点	侦察_地点
巡逻	主体	巡逻_主体
	时间	巡逻_时间
	地点	巡逻_地点
演习	主体	演习_主体
	时间	演习_时间
	地点	演习_地点

序列标注任务中，最常用的模型为 BERT+BiLSTM+CRF 模型。当标签合并完成之后，使用 BERT+BiLSTM+CRF 模型进行事件抽取的流程如图 2-31 所示。

BERT+BiLSTM+CRF 模型通常采用 B、I、O 的标注形式。假设输入句子为"早上一架飞机在南海侦察"，则模型会把"早上"标注为"B-侦察_时间"和"I-侦察_时间"。表示输入句子的事件类型为侦察事件，事件发生的时间是早上。

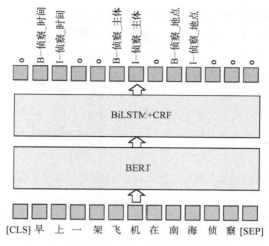

图 2-31　基于序列标注的事件抽取流程图

（2）指针标注方法。

在联合抽取中，另一种方法主要是使用指针标注方法。机器阅读理解方法作为指针标注的一种，通常是输入一个问句和一段文本。输出一段文本中关于一个问句的答案片段。因此，将事件抽取任务转化为机器阅读理解任务，就是要构造出一个含有事件类型信息和事件元素类型信息的问句，再将问句和需要进行事件抽取的文本作为输入，再将事件抽取需要抽取的事件元素作为答案进行输出。假设现有三种事件类型，分别是侦察、巡逻、演习，每种事件类型的论元有主体、时间、地点。那么构建的问题如表 2-5 所示。

表 2-5　MRC 问题构建

事 件 类 型	事件论元	构建问题
侦察	主体	侦察[AND]主体
	时间	侦察[AND]时间
	地点	侦察[AND]地点
巡逻	主体	巡逻[AND]主体
	时间	巡逻[AND]时间
	地点	巡逻[AND]地点
演习	主体	演习[AND]主体
	时间	演习[AND]时间
	地点	演习[AND]地点

在训练时，将输入文本与所有的问题进行拼接，然后同时在输入文本中添加无答案标志符"［START］""［END］"。拼接完成之后数据如图 2-32 所示。

[CLS] 侦察[AND]时间[SEP][START][END]早上一架飞机在南海侦察[SEP]
[CLS] 侦察[AND]地点[SEP][START][END]早上一架飞机在南海侦察[SEP]
[CLS] 侦察[AND]主体[SEP][START][END]早上一架飞机在南海侦察[SEP]
                          ...
[CLS] 巡逻[AND]地点[SEP][START][END]早上一架飞机在南海侦察[SEP]

图 2-32　MRC 数据预处理示例

基于 MRC 的联合抽取方法抽取流程如图 2-33 所示。输入数据经过 BERT 和 BiLSTM 层之后，分别连接两个全连接网络得到答案或事件元素的开始位置序列和结束位置序列。

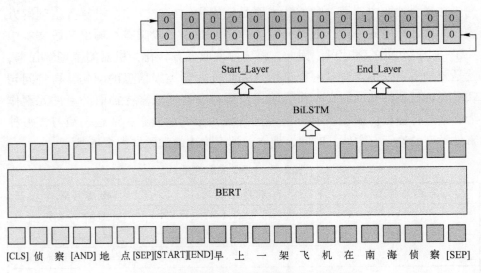

图 2-33　基于 MRC 的联合抽取方法流程图

在图 2-33 中，输入 BERT 进行编码的句子为"［CLS］侦察［AND］地点［SEP］［START］［END］早上一架飞机在南海侦察［SEP］"，则表示想要从输入文本"早上一架飞机在南海侦察"抽取出关于侦察事件类型的地点信息。如果没有要抽取的信息，则抽取无答案标识符"［START］""［END］"，如

图 2-34 所示。

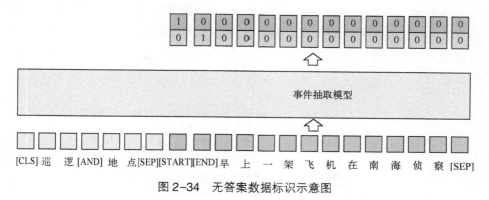

图 2-34　无答案数据标识示意图

2. 两阶段事件抽取方法

两阶段抽取方法是将事件抽取分为两个阶段。第一阶段是识别事件类型，第二阶段是抽取事件元素。

（1）第一阶段。

第一阶段主要是识别事件类型。输入文本中可能含有多个事件，因此可以将第一阶段看作多标签分类任务。在多标签分类任务中，标签同样可以采用类似于 One-Hot 的位置编码，只不过标签会存在多个 1 的情况，对应着多个事件。例如 [1,0,0,1,0,0,0] 表示同时含有侦察事件和巡逻事件。也就是说，如果存在事件，则对应位置的值为 1，不存在则为 0。模型具体实现过程如图 2-35 所示。

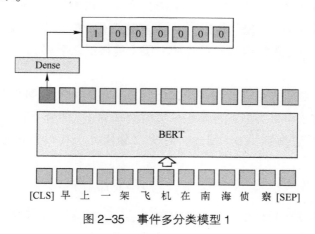

图 2-35　事件多分类模型 1

在图 2-35 中，输入文本同样要经过 BERT 进行编码，然后取 BERT 编码的序列输出中"[CLS]"对应的输出，最后经过一层全连接层得到多标签分类结果。还有另一种方案，就是取 BERT 所有的输出，然后通过最大值池化变成一个向量，再通过一个全连接层得到最终的输出结果，如图 2-36 所示。

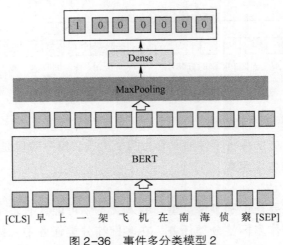

图 2-36　事件多分类模型 2

在多标签分类中，除图 2-36 所示的方法外，还可以采用类似于 SQL 查询的方式进行构建输入数据。即使用两个特殊标识符将每种事件类型包起来，然后再拼接输入文本。例如："[START]侦察[END][START]巡逻[END][START]演习[END][SEP]早上一架飞机在南海侦察"。在经过 BERT 编码完成之后取[START]位置的编码向量连接一层全连接层之后得到输出，如图 2-37 所示。

多标签分类任务可以看作多个二分类任务，即对每种事件类型都进行判断，如果存在该事件类型就将该事件类型判别为 1，如果不存在该事件类型，则将该事件类型判别为 0。因此，对于二分任务，其损失函数如式（2.1）所示：

$$L = - \sum_i y_i \log(\hat{y}_i) + (1 - y_i) \log(1 - \hat{y}_i) \tag{2.1}$$

把多标签任务看作多个二分类任务，会存在标签不平衡的问题。因为在数据集中，输入文本大多时候都只会含有一个或两个事件。这也就意味着模

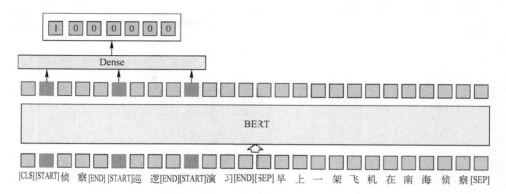

图 2-37 事件多分类模型 3

型的输出中二分类需要将大多数位置标签判别为 0，这种不平衡性会导致性能的降低。针对这一问题，目前存在一种解决方法。就是将多标签分类看作 softmax 分类问题。其思想是在输出的标签中，寻找一个基准标签。如果文本含有该事件，则只需要训练该事件对应的位置的值大于基准标签值即可。其公式如下：

$$L = \log\left(1 + \sum_{i \in \Omega_{neg}} e^{s_i}\right) + \log\left(1 + \sum_{j \in \Omega_{pos}} e^{-s_j}\right) \tag{2.2}$$

（2）第二阶段。

第二阶段主要抽取事件元素。其可以看作实体抽取任务，目前实体抽取方法主要有序列标注、层叠指针标注、多头标注等方法。

● 序列标注

序列标注方法整个抽取流程与联合抽取类似。所不同的是，抽取事件元素的标签只有论元，标签不需要将事件类型和论元进行合并，因为在第一阶段已经把事件类型识别出来了。将第一阶段识别出来的事件类型应用于第二阶段，主要是将事件类型与输入文本进行拼接。例如，"侦察[SEP]早上一架飞机在南海侦察"。抽取示意图如图 2-33 所示。

● 层叠指针标注

层叠指针标注通常只需要找到实体的开始位置和结束位置。如果实体含有多种类型，则在模型的输出层输出多个开始位置序列和多个结束位置序列，如图 2-39 所示。当通过第一阶段已知输入文本"早上一架飞机在南海侦察"的事件类型为侦察事件，则在层叠指针标注模型之后，模型会在主体层抽取

"飞机"的开始位置和结束位置。在时间层抽取"早上"的开始位置和结束位置。

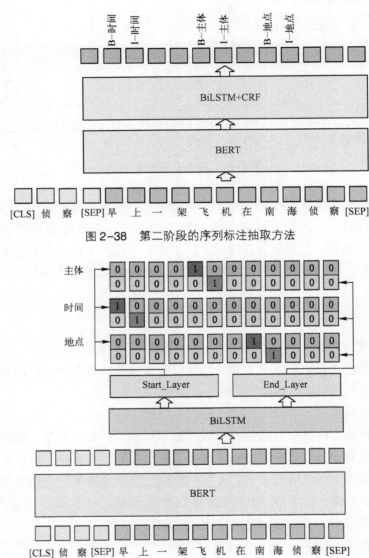

图2-38 第二阶段的序列标注抽取方法

图2-39 第二阶段的层叠指针方法

● 机器阅读理解方法

除了图2-39所示的层叠指针标注之外。指针标注还有另一种形式，即机器阅读理解的形式。在问题中直接给出事件论元，因此模型的输出只需要抽取符合问题的答案即可，而不需要通过层叠的方式来判断论元。具体实现方式与联合抽取方法一致。不同的是，事件类型已经通过第一阶段获得，因此在训练时，不需要将输入文本与其他事件类型的问题进行拼接，然后输入到模型，只需要将对应事件类型的问题与输入文本拼接，然后输入到模型进行训练即可。假设，已知输入文本"早上一架飞机在南海侦察"的事件类型为侦察，则构建的数据如图 2-40 所示。

［CLS］　侦察［AND］时间［SEP］［START］［END］早上一架飞机在南海侦察［SEP］

［CLS］　侦察［AND］地点［SEP］［START］［END］早上一架飞机在南海侦察［SEP］

［CLS］　侦察［AND］主体［SEP］［START］［END］早上一架飞机在南海侦察［SEP］

图 2-40　MRC 侦察事件数据预处理示例

● 多头标注

多头标注是指构建一个矩阵，矩阵的列和行分别表示实体的开始位置和结束位置。矩阵中的数值表示实体的类别，如图 2-41 所示，其中数字 2 表示实体类型为时间。第一列的"早"表示开始位置，第二行的"上"表示结束位置。抽取的"早上"为一个实体，且类型为时间。在具体实现时，先将输入文本数据输入 BERT 进行编码，然后通过复制得到一个矩阵，也就是每个字对应的编码输出都要进行复制（注意看图中的颜色顺序）。再通过与其转置的矩阵相加，然后通过一层全连接层得到最终的输出表。多头标注方法如图 2-41 所示。

① 双仿射注意力机制。双仿射最初提出是用来依存句法分析领域，其与多头标注方法类似，模型的最终输出都是一个表。所不同的是，双仿射注意力机制是通过一个 Biaffine 矩阵来得到表格，而不是简单的复制，具体实现过程如图 2-42 所示。从图 2-42 中可知，输入数据在经过 BERT 和 BiLSTM 编码完成之后，分别连接两层全连接层得到开始位置序列矩阵和结束位置序列矩阵，然后通过中间矩阵 Biaffine 做矩阵乘法最终得到表格。

② 词汇增强方法。词汇增强是用来提升实体抽取精度的一种方法。因为目前都是用 BERT 模型来进行编码，而 BERT 的输入都是字符级。对于中文来说，词汇往往会含有更为丰富的特征。目前，词汇增强方法主要有 FLAT 和 Soft-lexicon 方法。由于 Soft-lexicon 实现起来较为简单，本节以 Soft-lexicon 方法作为讲解示例，原理如图 2-43 所示。

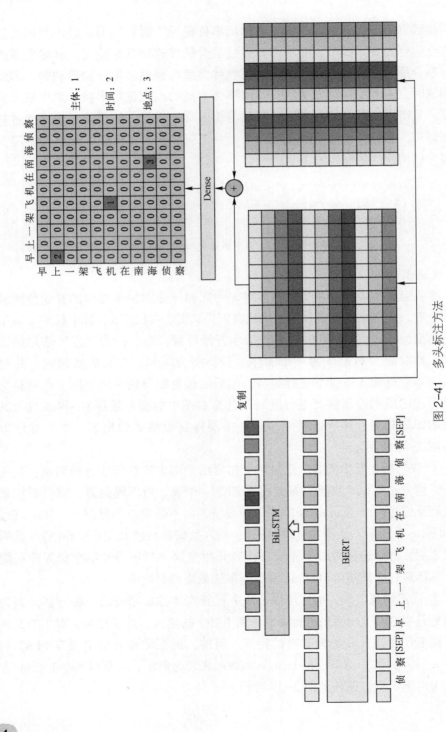

图 2-41 多头标注方法

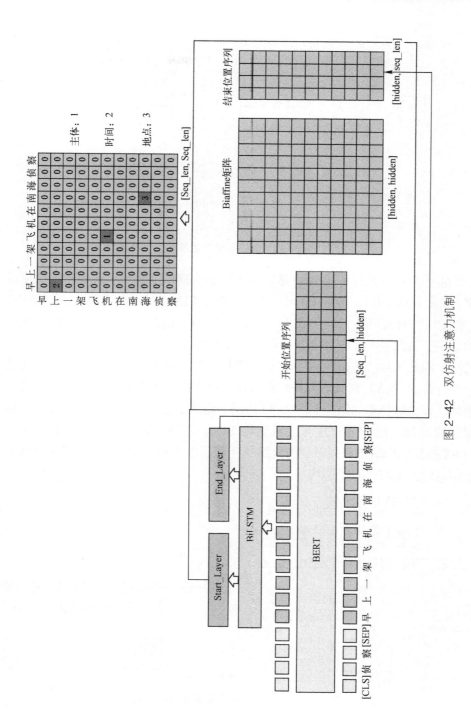

图 2-42 双仿射注意力机制

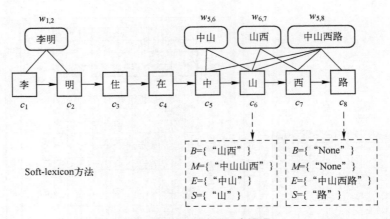

图 2-43 词汇增强方法原理

首先使用 B 表示一个词的开始字，M 表示词中间的字，E 表示词结尾的字，S 表示单字成词。在图 2-43 中，"中山西路"可以组成的词有"中山""山西""中山西路"。对"山"字来说，在词"山西"中，"山"作为词开始的字，因此 $B=\{$"山西"$\}$。在词"中山西路"中，"山"可以作为词中间的字，因此 $M=\{$"中山西路"$\}$，以此类推。对于输入句子中的每个字，构建一个 $[B,M,E,S]$ 列表。如果对应的特征没有词，则为 None。将词汇信息应用到实体抽取模型的结构如图 2-44 所示。将词汇信息先经过嵌入层和全连接层变成向量，然后通过注意力机制将 BMES 四种词融合到一起得到一个与 BERT 模型编码输出相同形状的数据，再通过合并 BERT 模型的编码输出和词汇信息输入 BiLSTM 模型中。

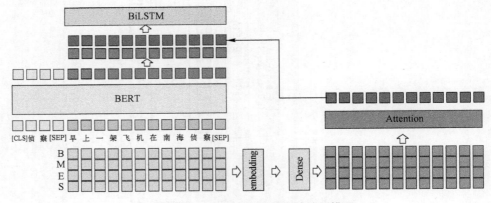

图 2-44 引入词汇增强的实体抽取模型

2.4　基于图像的目标检测方法

目标检测（Object Detection）是计算机视觉领域中的一项重要任务，旨在识别图像或视频中的特定目标，并准确标记出其位置。与图像分类任务不同，目标检测不仅需要识别目标的类别，还需要精确定位目标的位置。由于不同物体具有各自独特的外观、形状和姿态，加上成像时光照、遮挡等因素的干扰[33]，目标检测一直是计算机视觉领域中极具挑战性的问题之一。

基于深度学习的目标检测方法将深度神经网络引入这一领域，并取得了重大突破。其中，最具代表性的方法之一是基于区域的卷积神经网络（R-CNN），其将目标检测任务分解为候选区域提取和区域分类两个子任务。后续的方法，如 Fast R-CNN、Faster R-CNN 和 YOLO（You Only Look Once）等，进一步提升了检测速度和准确性。这些方法不仅能自动学习特征表示，还能在端到端的框架下进行高效的目标检测。

2.4.1　目标检测常用框架

当前主流的目标检测算法主要基于深度学习模型（图 2-45），大致可以分为两大类。

（1）One-Stage 目标检测算法。这类算法不需要生成包含目标大致位置信息的候选区域（Region Proposal 阶段），能够通过一个 Stage 直接生成物体的类别概率和位置坐标，典型的算法包括 YOLO、SSD 和 CornerNet。

（2）Two-Stage 目标检测算法。这类算法将检测过程分为两个阶段，第一阶段是生成候选区，第二阶段是对这些候选区域进行分类并进一步精确定位，典型的算法包括 R-CNN、Fast R-CNN、Faster R-CNN 等。目标检测模型的主要性能指标是检测的准确度和速度，其中准确度包括物体的定位准确度和分类准确度。一般来说，Two-Stage 算法在准确度上占优势，而 One-Stage 算法在速度上更具优势。然而，随着研究的进展，两类算法在准确度和速度方面都取得了显著改进，逐渐在这两个指标上实现了较好的平衡[34]。

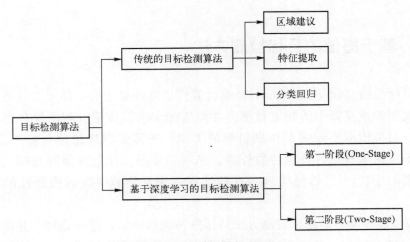

图 2-45　目标检测整体框架概述

2.4.1.1　One-Stage 目标检测算法

One-Stage 目标检测算法可以在一个 Stage 直接产生物体的类别概率和位置坐标值，相较于 Two-Stage 的目标检测算法不需要 Region Proposal 阶段，整体流程更简单。如图 2-46 所示，在测试时输入图片通过 CNN 网络产生输出，解码（后处理）生成对应检测框即可；在训练时需要将 Ground Truth 编码成 CNN 输出对应的格式以便计算对应损失 Loss。

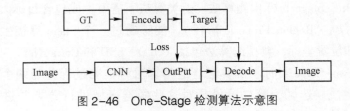

图 2-46　One-Stage 检测算法示意图

目前，对于 One-Stage 算法的主要创新主要集中在如何设计 CNN 结构、如何构建网络回归目标以及如何设计损失函数上。

1. 如何设计 CNN 结构

设计 CNN 网络结构主要有两个方向，分别为追求精度和追求速度。最简单的一种实现方式就是替换 Backbone 网络结构，即使用不同的基础网络结构对图像提取特征。例如，ResNet101 的表征能力要强于 MobileNet，然而 MobileNet 的计算量要远低于 ResNet101，如果将 ResNet101 替换为 MobileNet，那么检测网络在精度上应该会有一定损失，但是在速度上会有一定提升；如果将 MobileNet 替换为 ResNet101，那么检测网络在速度上会有一定损失，但是在精度上会有一定提升。当然，这只是一种相对简单的改进 CNN 网络结构的方式，实际上在改进 CNN 结构时需要很多的学术积累和实践经验。下面将通过几篇 SSD 相关论文进行简要分析。

SSD：SSD（Single Shot Multibox Detector）检测算法的网络结构如图 2-47 所示，其中 Backbone 为 VGG 网络，使用不同阶段不同分辨率的特征图（feature maps）进行预测。

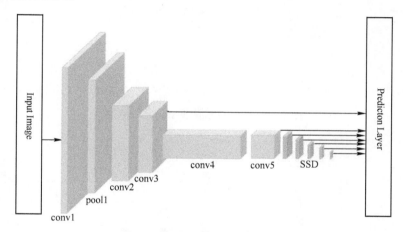

图 2-47　SSD 检测算法的网络结构

DSSD：DSSD 检测算法的网络结构如图 2-48 所示，DSSD 同样使用不同阶段、不同分辨率的特征进行预测。在不考虑 Backbone 网络结构差异的情况下，可以发现 DSSD 相比 SSD 多了一系列的后续上采样操作。具体而言，SSD 使用下采样过程中生成的特征图进行预测，而 DSSD 则使用上采样过程中生成的特征图进行预测。显然，SSD 用于检测的特征图位于网络的较低层，表征能力较弱；而 DSSD 用于检测的特征图位于网络的较高层，表征能力更强。同时，DSSD 在反卷积过程中引入 Prediction Module 和 Deconvolution Module，它们分别支持模型提取更深维度的特征和利用上下文信息。因此，DSSD 的检测效果优于 SSD。

FSSD：FSSD 检测算法的网络结构如图 2-49 所示。与 SSD 类似，FSSD 同样使用不同阶段、不同分辨率的特征进行预测。然而，相比 SSD，FSSD 增加

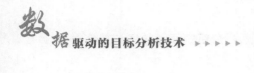

了特征融合处理，将网络较低层的特征引入网络的较高层。这种特征融合使检测时能够同时考虑不同尺度的信息，从而提高了检测的准确性。

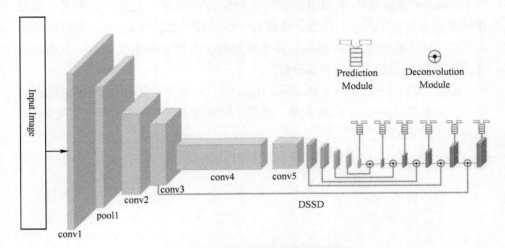

图 2-48 DSSD 检测算法的网络结构

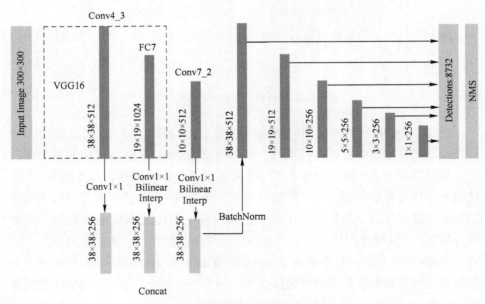

图 2-49 FSSD 检测算法的网络结构

2. 如何构建网络回归目标

如何构建网络回归目标即如何区分正负样本使其与卷积神经网络的输出相对应，最简单直接的方法是直接回归物体的相关信息（类别和坐标），在回归坐标时可以回归物体坐标相对于锚点的偏移量等。对于 One-Stage 检测方法主要有三种典型的回归目标构建方式，其中代表方法分别为 YOLO 系列算法、SSD 系列算法以及 CornerNet 目标检测算法。

YOLO 系列算法：YOLO 系列算法构建回归目标的核心思想是将目标检测任务转化为一个回归问题，将输入图像划分为网格，每个网格预测边界框的位置和类别概率。在训练过程中，通过定义正样本（包含目标中心的网格）和负样本（不包含目标中心的网格），并使用损失函数来优化边界框的位置和 objectness 分数，同时预测每个边界框的类别概率。最终，非极大值抑制（NMS）用于去除重叠的预测框，确保检测结果的准确性和效率。这种方法使 YOLO 能够快速且准确地识别图像中的目标。

SSD 系列算法：如图 2-50 所示，SSD 系列算法在确定正负样本时通过交并比大小进行区分，当某一个 Ground Truth 的目标框与 anchor 的交并比最大且对应的交并比大于某一个阈值时，对应 anchor 即负责检测该 Ground Truth，即每个 anchor 最多负责一个物体的检测，同一个物体可能被多个 anchor 同时检测。

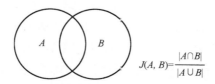

$$J(A,\ B) = \frac{|A \cap B|}{|A \cup B|}$$

图 2-50　SSD 系列算法回归目标构建方式

CornerNet 目标检测算法：CornerNet 目标检测算法巧妙地将检测框转换成了关键点，显而易见，一个目标框可以住两个点（左上角和右下角）来表示，那么对于一个目标物体在预测时就可以直接预测两个类别的关键点，然后对关键点进行组合即可生成对应的目标框。

3. 如何设计损失函数

目标检测算法主要分为两个子任务：物体分类和物体定位。对应的损失函数主要包括分类损失（Cls Loss）和定位损失（Loc Loss）。常见的损失组合有两种：Cls Loss+Loc Loss（SSD 系列算法）和 Cls Loss+Obj Loss+Loc Loss

（YOLO 系列算法）。相较于 SSD 系列算法，YOLO 系列算法多了一个 Object Loss，用于判断某个区域是否包含物体。此外，One-Stage 目标检测算法面临正负样本不均衡的问题，因此在设计损失函数时常会进行一些创新。

Hard Negative Mining：该方法通过仅挑选负样本中损失较大的部分进行计算，而忽略损失较小的负样本，从而防止负样本过多干扰网络学习。

Focal Loss：多数负样本是简单易分的背景样本，这会使训练过程中难以充分学习到有类别样本的信息。此外，过多的简单负样本可能掩盖其他有类别样本的作用。Focal Loss 通过增加难分类样本（hard examples）对损失的贡献，使网络更倾向于从这些样本中学习。

需要说明的是，One-Stage 检测算法与 Two-Stage 检测算法的第一个 Stage 在本质上并无太大区别。在某种程度上，Two-Stage 检测算法的第一个 Stage 可以看作 One-Stage 检测算法，第二个 Stage 则是在前一阶段的基础上进一步精化。上述所有的损失设计思路，同样适用于 Two-Stage 检测算法的第一个 Stage。此外，专为 Two-Stage 检测框架设计的损失函数也可以应用于 One-Stage 检测算法。

2.4.1.2 Two-Stage 目标检测算法

Two-Stage 目标检测算法可以理解为进行两次 One-Stage 检测。第一个 Stage 初步检测物体位置，第二个 Stage 则对第一个阶段的结果进行进一步精化，对每个候选区域进行 One-Stage 检测。整体流程如图 2-51 所示：在 Testing 阶段，输入图片经过卷积神经网络生成第一阶段的输出，然后解码生成候选区域，再提取对应的候选区域特征（ROIs），最后对 ROIs 进一步精化，产生第二阶段的输出，并解码生成最终的检测框；在 Training 阶段，需要将 Ground Truth 编码为 CNN 输出对应的格式，以便计算损失（Loss）。

如图 2-51 所示，Two-Stage 检测算法的两个阶段与 One-Stage 检测算法在结构上具有相似性。Two-Stage 检测算法可以视为两个 One-Stage 检测步骤的组合。第一个 Stage 负责初步检测，剔除负样本，生成初步的位置信息；第二个 Stage 对这些初步结果进行进一步精化，最终生成检测结果。

目前，Two-Stage 算法的主要创新点集中在高效准确地生成 Proposals、获取更优的 ROI 特征、加速 Two-Stage 检测算法，以及改进后处理方法方面。

1. 高效准确地生成 Proposals

高效准确地生成 Proposals 是 Two-Stage 检测算法第一个 Stage 所关注的重

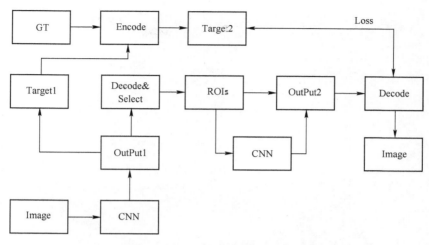

图 2-51　Two-Stage 检测算法示意图

点，其任务是获取初步的检测结果，为下一个 Stage 的精化提供基础。下面通过对比 R-CNN、Faster R-CNN、FPN、Cascade R-CNN 来简要说明这一过程。

R-CNN：R-CNN 采用传统方法 Selective Search 来生成 Proposals。Selective Search 的主要思路是通过图像中的纹理、边缘和颜色等信息，对图像进行自下向上的分割，然后对分割区域进行不同尺度的合并，每个生成的区域即为一个候选 Proposal，如图 2-52 所示。这种方法依赖传统特征，速度相对较慢。

Faster R-CNN：Faster R-CNN 使用 RPN 网络代替了 Selective Search 方法，大大提高了生成 Proposals 的速度，具体实现策略同 One-Stage 检测算法，这里不再做过多赘述。网络示意图如图 2-53 所示。

FPN：Faster R-CNN 仅使用顶层特征进行预测。虽然低层特征在语义信息上相对较少，但定位较为准确；而高层特征具有丰富的语义信息，但定位较为粗略。FPN 算法通过自上而下的侧边连接，将低分辨率、高语义信息的高层特征与高分辨率、低语义信息的低层特征结合，使各个尺度下的特征都具备丰富的语义信息。这样，在不同尺度的特征层上进行预测时，生成 Proposals 的效果优于仅使用顶层特征进行预测的 Faster R-CNN 算法，如图 2-54 所示。

Cascade R-CNN：与 Faster R-CNN、FPN 等算法类似，Cascade R-CNN 的 Proposal 网络在生成 Proposals 时通常只设置了一个较为宽松的正样本阈值，导致得到的 Proposals 结果可能较为粗糙。当对检测框的定位精度要求更高时，

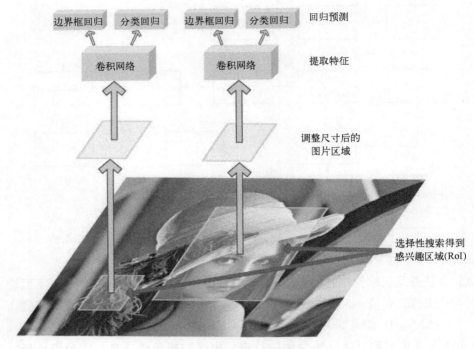

图 2-52　R-CNN 网络示意图

这种方法可能略显不足。Cascade R-CNN 通过逐步求精的策略来提高 Proposals 的质量，即前一步生成的 Proposals 作为后一步的输入，并通过逐步提高正样本的交并比阈值来精化结果，如图 2-55 所示。严格来说，Cascade R-CNN 不应被视为 Two-Stage 检测算法，而是多 Stage 检测算法，其特点是通过多步求精来提高检测精度。

2. 获取更优的 ROI 特征

在获取 Proposals 之后，如何获取更优的 ROI 特征是 Two-Stage 检测算法第二个 Stage 的关键。只有在输入足够鲁棒的情况下，才能得到较为理想的输出。针对这一问题，主要有两个方向：如何获取 Proposals 的特征，以及如何将这些特征对齐到同一个尺度。首先，关于获取 Proposals 特征，常用的策略有以下几种。

R-CNN：在原图中裁剪出 Proposals 对应区域，然后对其进行尺度对齐（align），并分别通过神经网络提取特征。

Fast/Faster R-CNN：仅对原图进行一次特征提取，将 Proposals 的坐标映

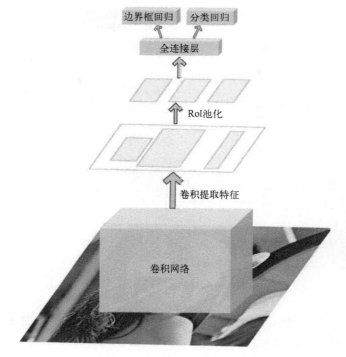

图 2-53　Faster R-CNN 网络示意图

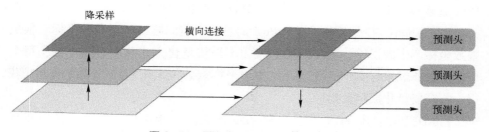

图 2-54　FPN Proposal 网络示意图

射到提取后的原图特征图（feature map）上，提取对应特征。

　　FPN：从原图中提取不同尺度的特征，并将不同尺度的 Proposals 映射到相应尺度的原图特征图上提取特征。

　　FCN：FCN（Fully Convolutional Networks）同样只对原图提取一次特征，但在提取目标特征的同时加入了位置信息（Position-Sensitive）。即目标的不同区域特征分布在不同的通道（channels）上，对于一个候选 Proposal，其不同区域的特征需要映射到原图特征的不同通道上。

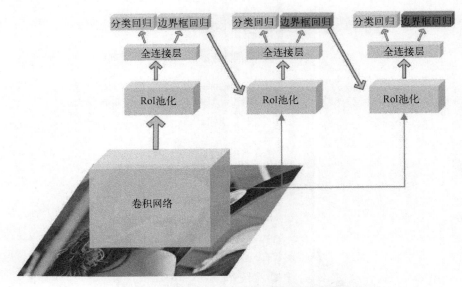

图 2-55　Cascade R-CNN Proposal 网络示意图

其次对于第二个问题主要有 ROI Pool、ROI Align、PSROI Pool、PrROI Pool 策略，接下来做简要说明。

ROI Pool：将 Proposal 区域划分为固定大小的格子，并对每个格子进行 Pooling 操作，获取一个值，从而所有 Proposal 生成同样大小的输出。

ROI Align：主要解决了 ROI Pool 的量化误差问题，即浮点数坐标转换成整数坐标产生的误差。主要解决方式为不采用量化方式获取具体坐标，每个格子的值通过采样多个点获得，其中被采样点的值采用双线性插值的方式获得，不需要量化成整数坐标。

PSROI Pool：R-FCN 采用的 Pooling 方式，与 ROI Pool 的唯一区别在于 PSROI Pool 需要每个 Proposal 的不同区域对应到 feature map 的不同 channels 进行取值。

PrROI Pool：Precise ROI Pooling 考虑了 Proposal 对应格子区域的每个值，采用积分的方式进行求解，而 ROI Align 只采样了对应格子区域的几个值。

3. 加速 Two-Stage 检测算法

在一般情况下，Two-Stage 检测算法的速度通常慢于 One-Stage 检测算法。随着研究的进展，这种速度差异正在逐渐缩小。Two-Stage 算法的主要算力开销包括两个部分：一是 Region Proposal 的开销，二是 ROI Sub-Network 的开销。提高 Region Proposal 的效率和降低 ROI Sub-Network 的开销均有助于加速 Two-Stage 检测算法。

Fast R-CNN vs. Faster R-CNN：Faster R-CNN 通过使用神经网络代替传统的 Selective Search，大幅提升了 Region Proposal 的速度，相关描述已在前文中提到。

Faster R-CNN vs. Light-Head R-CNN：Light-Head R-CNN 通过采用更小的 Sub-Network 替代 Faster R-CNN 中较为复杂的 Sub-Network，显著缩减了第二阶段网络的规模，从而大幅提升了 Two-Stage 检测算法的速度。

4. 改进后处理方法

这里所说的后处理方法仅指 NMS 相关算法，NMS 即非极大值抑制算法。在目标检测中，后处理方法主要指非极大值抑制（NMS）相关算法。NMS 是一种广泛应用于目标检测和定位领域的方法，其主要目的是消除多余的框，找到最佳的物体检测位置。几乎所有的目标检测方法都使用这种后处理算法。以下是几种 NMS 相关算法的简要介绍。

Soft NMS：与传统 NMS 不同，Soft NMS 不会直接排除与已选框重叠大于某个阈值的框。相反，其会根据一定策略降低这些框的得分，直至低于某个阈值，从而减少过多删除在拥挤情况下定位正确的框。

Softer NMS：Softer NMS 的改进在于，其不直接使用得分最高框的坐标作为当前选择框的坐标，而是对与得分最高框重叠大于一定阈值的所有框的坐标进行加权平均，从而生成新的框作为当前选择的框。这样可以更准确地定位物体。

IOU-Guided NMS：该方法以 IOU（交并比）得分作为 NMS 的排序依据，因为 IOU 得分直接反映了框的定位精度。此方法优先考虑定位精度较高的框，从而防止定位精度较低但得分较高的框被错误排序到前面。

2.4.2　经典目标检测方法

Fast R-CNN 使用 Selective Search 来生成目标候选框，但其速度仍未达到实时要求。Faster R-CNN 通过引入 RPN（Region Proposal Networks）网络来生成目标候选框。RPN 接收原始图像作为输入，输出一批矩形区域，每个区域包括目标坐标信息和置信度。Faster R-CNN 将传统检测的三个步骤整合到一个深度网络模型中，从而提高了检测效率[35]。

基于回归算法的检测模型，如 YOLO 和 SSD，进一步提升了实时检测性能。这些方法实现了真正意义上的实时目标检测。

从 R-CNN 到 Faster R-CNN，再到 SSD 等，反映了检测方法的发展轨迹。实际应用中，还存在许多针对特定物体的检测方法，如人脸检测和行人检测。随着技术的发展，尽管方法有所不同，但主要技术原理和策略大致相同。

2.4.2.1　R-FCN

R-FCN（Region-based Fully Convolutional Networks）是基于 Faster R-CNN和 FCN 进行改进的算法。Faster R-CNN 的一个缺点在于 ROI Pooling 之后需要全连接层来处理特征图，从而将 ROI Pooling 后的特征图映射为分类和回归两个任务。然而，许多现代 CNN 架构，如 GoogleNet 和 ResNet，证明了去除全连接层能够提升网络效果，并且更好地适应不同尺度的输入图像。针对 FasterR-CNN 中全连接层负载过重的问题，R-FCN 应运而生[36]。

R-FCN 的主要改进包括两个方面：首先，R-FCN 将 ROI Pooling 后全连接层替换为卷积层；其次，对 ROI Pooling 进行了修改。在 Faster R-CNN 中，对每个候选框区域执行 ROI Pooling 操作后，需要分别处理分类和回归任务。R-FCN 旨在将计算密集的卷积操作尽可能地前移到共享网络中。与 FasterR-CNN 中使用 ResNet 作为 Backbone 的方式不同（在前 91 层共享，然后插入 ROI Pooling，后 10 层不共享），R-FCN 将所有 101 层设置为共享网络，并且最后只使用一个卷积层进行预测，从而显著减少了计算量。网络结构图如图 2-56 所示。

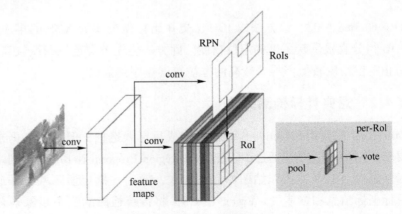

图 2-56　R-FCN 网络结构图

FCN 针对传统卷积网络中的全连接层进行了改进，将一般用于分类的全连接层替换为全卷积层。这使整个网络结构由卷积层组成，因此被称为全卷积网络。

目标检测任务包括两个子问题：一是识别物体的种类；二是确定物体的位置。在物体识别中，希望保持位置不敏感性（translation invariance，即无论物体出现在哪个位置都能正确分类）以及位置敏感性（translation variance，即无论物体发生怎样的位置变化都能准确定位）。这两个需求看似矛盾，但 R-FCN 提出了一个折中的解决方案。

R-FCN 通过引入"位置敏感得分图"（Position Sensitive Score Map）来解决这个问题。在 FCN 网络中，虽然全卷积网络在特征提取上表现优异，但其通常只关注特征而忽略位置信息，不适合直接用于目标检测。因此，R-FCN 在 FCN 基础上进行了改进，引入了位置敏感得分图，以确保网络对物体位置的敏感性。

R-FCN 的目标检测流程如下：原始图片经过卷积层得到特征图 1（feature map1）。其中，一个子网络类似于 Fast R-CNN，通过 RPN 在特征图上滑动生成候选区域；另一个子网络继续进行卷积，得到深度为 k^2（$k=3$）的特征图 2（feature map2）。根据 RPN 生成的 RoI（Region of Interest），在这些特征图上进行池化和分类操作，最终得到检测结果。

图 2-57 描述了位置敏感性识别的成功实例。在图中间的 9 张特征图实际上对应位置敏感结构图左侧的九层特征图，每层对应物体的一个感兴趣区域。例如，图中的 [2,2] 位置可能代表人体的头部。所有位置的响应经过池化处理后，保留了位置敏感性，如原位置的响立仍然保存在池化后的图中。例如，原本位于上中位置的响应在池化后仍保持在上中位置。通过这种方式，位置敏感性得到了保留。

当池化图中的 9 个方框得分超过某个阈值时，可以认为该区域内存在物体。

图 2-58 展示了一次失败的检测：框内的 poolingmap 得分过低。

可以看见 R-FCN 的贡献在于：①引入 FCN 达成更多的网络参数和特征共享（相比 Faster R-CNN）。②解决全卷积网络关于位置敏感性的不足问题（使用 position sensitive score map），其余结构与 Faster R-CNN 相比并无很大的区别（保留 RPN，共享第一层用于提取特征的 con_Subnetwork）。

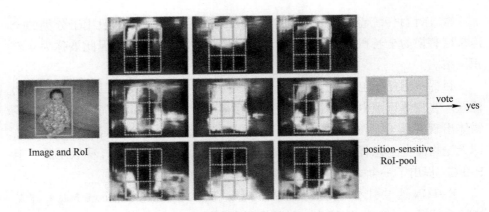

图 2-57　成功的位置敏感性识别

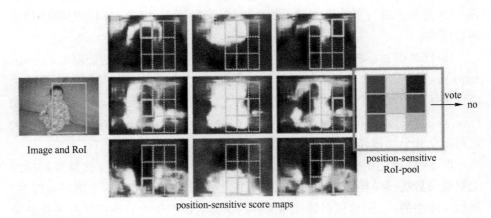

position-sensitive score maps

图 2-58　失败的位置敏感性识别

2.4.2.2　SSD

SSD 是一种单阶多层的目标检测模型，因为 SSD 只进行了一次框的预测与损失计算，所以属于 One-Stage 范畴里的一种主流框架，目前仍被广泛应用。SSD 从多个角度对目标检测做出了创新，结合了 Faster R-CNN 和 YOLO 各自的优点，使目标检测的速度相比 Faster R-CNN 有了很大提升，同时检测精度也与 Faster R-CNN 不相上下。其算法流程图如图 2-59 所示。

输入图像经过 VGGNet 之后，又经过改进的深层卷积网络提取更高语义的特征。得到特征图之后，在特征图的每个像素上生成若干个 PriorBox，并

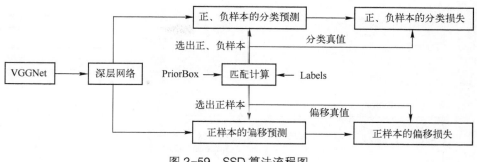

图 2-59　SSD 算法流程图

与 GroundTruth 经过 IOU 计算比较分出正、负样本，分别对正、负样本进行分类，并对正样本进行偏移预测，根据预测结果计算 Loss 并参与反向传播运算。下面章节主要就 SSD 的深层网络结构，PriorBox 的生成、分类，Bounding_box 回归结果预测，正、负样本的筛选，损失函数以及 SSD 的数据流开始分析。

SSD 创新性地在多个不同深度的特征图上进行 PriorBox 生成、分类、回归，融合得到最终的预测结果。这样做的好处是考虑到了不同深度的特征图具有大小不同的感受野，浅层特征图感受野小，适合做小目标检测，但同时浅层特征的语义层次较低，不能帮助网络很好地识别；深层特征具备高层次的语义，但是其感受野较大，适合做大目标检测，容易忽略小目标。SSD 在深浅不同的特征图上进行回归，在保证大目标检测准确率的同时也兼顾了小目标的检测准确率；同时提出 PriorBox 作为强先验知识。PriorBox 是在特征图上生成的一系列长宽比不一的长方形方框，用来进行物体位置的预测。作用相当于 Anchor，在预测过程中无须从零开始选择性搜索生成很多个 Proposals，而是直接在设定好的 PriorBox 上进行调整，极大地加快了网络训练和推理的速度。SSD 做了充分的数据增强，包括光学变换和几何变换，为网络提供了充分的训练数据，在保证训练数据分布的前提下扩充了其丰富性，从而有效提升了检测精度。SSD 网络参数如图 2-60 所示。

从图 2-60 中可以看到 SSD 的输入图像大小为 300×300，Backbone 采用 VGG16，但是在 VGG16 的基础上做了进一步改进。VGG16 最后的 FC6 和 FC7 两个全连接层被换成了卷积层，同时为了提取更高语义的特征，在 VGG16 后又增加了多个卷积层，最后利用特定几层得到的特征图进行卷积运算得到分类和回归的预测结果。SSD 分别在六张尺寸不同的特征图上（layer［'Conv4_

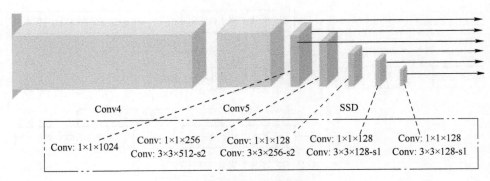

图 2-60　SSD 网络参数

3'], layer['Conv7'], layer['Conv8_2'], layer['Conv9_2'], layer['Conv10_2'], layer['Conv11_2'])进行卷积预测，各特征图的结果最终汇聚在一起，满足了不同尺寸目标的检测要求。

需要注意两点：①原始 VGG16 的池化层统一大小为 2×2，步长为 2，而在 SSD 中。Conv5 之后的 MaxPooling 大小为 3×3，步长为 1，这样做的目的是在增大感受野的同时保持特征图的分辨率。②Conv6 使用了空洞数为 6、padding 为 6 的空洞卷积，这样做的目的也是增大感受野的同时不改变特征图的尺寸。

SSD 中提出了 PriorBox，PriorBox 是原图上一系列的矩形框，其作用类似于 Faster R-CNN 的 Anchor，即提供物体检测框的先验知识，让模型在先验知识的基础上进行学习修正。不同的是 Faster R-CNN 只在最终的特征图上使用 Anchor，而 SSD 在多个不同尺寸（38×38，19×19，10×10，5×5，3×3，1×1）的特征图上生成 PriorBox，满足多尺度目标的检测；而且 Faster R-CNN 是在第一阶段对 Anchor 进行位置修正和筛选得到 proposal，再送入第二阶段的 R-CNN 中进行分类和回归，SSD 直接将 PriorBox 作为先验的感兴趣区域，在同一阶段内完成分类和回归，这也是 One-Stage 和 Two-Stage 的区别。

SSD 在选定的每张特征图上，以每个像素点的中心生成 4 个或者 6 个长宽比不一的同心长方形，它们以下采样率为比例对应着原图上的一个方框，如图 2-61 所示。

这些长方形的长宽比是事先设定好的，而非学习来的，公式如下：

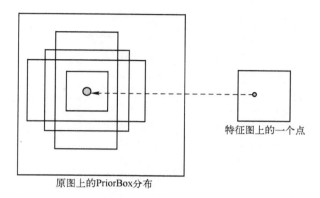

特征图上的一个点

原图上的PriorBox分布

图 2-61　SSD 特征图

$$S_k = S_{\min} + \frac{S_{\max} - S_{\min}}{5}(k-1) \quad k \in [1,6] \tag{2.3}$$

k 的取值为 1、2、3、4、5 和 6，分别对应第 4、7、8、9、10 和 11 个卷积层。

S_k 为第 k 层对应的尺度，$S_{\min}$ 和 $S_{\max}$ 分别设为 0.2 和 0.9，分别表示最浅层和最深层对应原图的比例。基于每层对应原图的尺度 S_k，对于第 1、5、6 个特征图，每个点对应了 4 个 PriorBox，而对于第 2、3、4 个特征图，每个点对应了 6 个 PriorBox。

生成 PriorBox 之后，分别利用 3×3 的卷积，即可得到每个 PriorBox 对应的类别和位置预测量。例如，第 8 个卷积层得到的特征图为 10×10×512，每个点对应 6 个 PriorBox，则共有 10×10×6 = 600（个）PriorBox，每个 PriorBox 有 21 个物体类别的可能性（以 PASCAL VOC 数据集为例）和 4 个位置参数，因此经过 3×3 卷积后，类别特征维度为 21×6 = 126，位置特征维度为 4×6 = 24，即卷积后类别特征图为 10×10×126，位置特征图为 10×10×24，图 2-62 展示了不同特征图的分类和回归的维度情况。

经过以上步骤，可以得到所有 PriorBox 的预测结果，每张图片上的真实目标数量是很少的，但是我们生成了很多 box，所以其中肯定有很多与真实目标是无关的。针对判断它与真实目标是否有关系的问题，采用 NMS，通过计算 PriorBox 与 GT_Box 的匹配情况：IOU 区分正、负样本。

（1）在判断正、负样本时，IOU 阈值设置为 0.5，即一个 PriorBox 与所有真实框的最大 IOU 小于 0.5 时，判断该框为负样本。

（2）与真实框有最大 IOU 的 PriorBox，即使该 IOU 不是此 PriorBox 与所

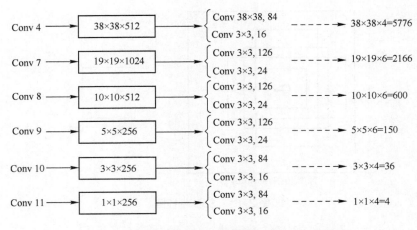

图 2-62　SSD 分类与位置卷积层、PriorBox 的数量

有真实框 IOU 中最大的 IOU，也要将该 Box 对应到真实框上，这是为了保证真实框的 Recall。

（3）在预测边框位置时，SSD 与 Faster R-CNN 相同，都是预测相对于预选框的偏移量，因此在求得匹配关系后还需要进行偏移量计算。

确定好正、负样本之后，发现正、负样本严重不均衡，在此 SSD 使用难样本挖掘，难样本挖掘是针对负样本而言的。具体方法是计算出所有负样本的损失进行排序，选取损失较大的 TOP-K 个负样本，这里的 K 设为正样本数量的 3 倍。在 Faster R-CNN 中是通过限制正、负样本的数量来保证样本均衡，SSD 则采用了限制正、负样本的比例。

筛选到正、负样本之后，便可以计算样本带来的分类置信损失和定位损失，如式（2.4）所示，SSD 的最终损失是这两种损失的加权和。

$$L(x,c,l,g) = \frac{1}{N}(L_{\text{conf}}(x,c) + \alpha L_{\text{loc}}(x,l,g)) \tag{2.4}$$

计算分类置信损失时，SSD 采用交叉熵损失；计算定位损失时采用 Smooth_{L_1} 损失。

$$\text{Smooth}_{L_1} = \begin{cases} 0.5x^2 & \text{if } |x| < 1 \\ |x| - 0.5 & \text{otherwise} \end{cases} \tag{2.5}$$

采用 Smooth_{L_1} 损失的原因是在加快模型收敛的同时避免梯度爆炸，因为误差较小时，采用平方求导，梯度增大为原来的 2 倍，加快优化速度；当误差较大时，求导为 1，避免了梯度过大和模型优化过程中的振荡。

综上所述，SSD 以 VGGNet 为基本骨架，并在此基础上添加额外的卷积层用以提取更高语义的特征，而且还采用了空洞卷积和步长为 1 的 MaxPooling，增大感受野的同时保持特征图的尺寸不变。SSD 创新性地提出在多张不同尺寸的特征图上进行 PriorBox 的生成及通过卷积运算得到预测结果，兼顾了在不同感受野上进行目标检测，从而对大目标和小目标检测的效果都相对较好。SSD 将生成的 PriorBox 作为具有先验知识的方框，直接参与预测与 Loss 计算，将 Proposal 的生成和分类回归划分到同一阶段，形成可以端到端训练的一阶模型。在正、负样本的筛选上采取控制正、负样本比例完成，而非控制正、负样本的数量，可以有效保证所有的正样本参与 Loss 计算。

2.4.2.3　YOLO

YOLO 是针对目标检测速度问题提出的一种 One-Stage 检测框架，其在 GPU 上处理速度达到 45FPS（Frame Per Second）。与 Faster R-CNN 相比，YOLO 的检测速度有所提高，但检测精度却不是很理想，这是因为 YOLO 只在最后一个卷积层的输出上进行分类和回归，并且每个像素上只预测两个同一类别的边界框，导致其无法很好地处理密集且较小的目标。此外，其损失函数在大小物体的处理上有待加强。

YOLO 算法是经典的目标检测算法之一，目前已有多种迭代版本。YOLO V1 算法是典型的端到端目标检测算法，采用卷积神经网络提取特征，主干特征提取网络的基础是 GooLeNet，与其他目标检测算法不同的是，其使用划分网格的策略来对目标进行检测。YOLO V1 检测流程如图 2-63 所示。第一步：划分网格。将原图像划分为 7×7 的网格。第二步：生成预测框。每个网格都会生成 2 个边界预测框和置信度信息去进行物体的框定和分类，共有 98 个边

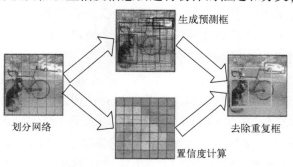

图 2-63　YOLO V1 检测流程

界预测框。第三步：置信度计算。计算每个预测框的置信度信息。第四步：去除重复框。通过非极大值抑制得到最后的预测框。预测流程如图 2-63 所示。

置信度包含预测框中含有目标的可能性和预测框的准确度。假设 YOLO V1 算法可以检测出 n 种类别的目标，则该单元格中检测出的目标属于 n 个分类的置信度概率可以表示为 P_r。

由于 YOLO V1 算法的流程较为简单，在执行检测任务时无须提取输入内容的候选区域，因此与其他目标检测算法相比，YOLO V1 的执行速度非常快，基本能够达到 40~50 FPS。此外，基于 YOLO V1 算法进行轻量化处理的 Fast YOLO 算法，其检测速度甚至可达到标准 YOLO V1 算法的 3 倍以上。除了速度上的优势，YOLO V1 还具有以下两个明显的优点。

首先，YOLO V1 的准确率较高。当输入图片中待检测目标与背景相似时，它能够有效避免将背景误检为目标，背景误检率较低。这一优势得益于 YOLO V1 支持对整张图片进行检测，而不依赖滑动窗口方式。其他基于滑动窗口的目标检测算法由于窗口大小不一，难以从整体上对输入图片进行有效检测，从而更容易将背景误检为目标。而 YOLO V1 的整图检测则极大地降低了这种误检概率，因此检测的准确性较高。

其次，YOLO V1 具有较强的泛化能力。当检测较为抽象的图像（如国画、油画等艺术作品）时，YOLO V1 能够很好地学习并提取目标特征，从而降低检测错误率。

然而，YOLO V1 也存在一些不足之处，主要包括以下几点：①定位不够准确。YOLO V1 在目标位置的精确定位方面存在一定的局限性，尤其是在处理复杂场景时，目标的位置预测可能不够准确。②目标聚集时的检测问题。当大量待检测目标聚集在一起时，YOLO V1 无法同时检测出所有目标。这主要是由 YOLO V1 的网格划分策略所致，每个网格内最多只能检测出两个目标，这在目标密集分布的场景下会导致漏检。

YOLO V2 是 YOLO V1 的优化版本，进一步提升了目标检测的性能。YOLO V2 采用了新的主干特征提取网络 Darknet-19，该网络包含 19 个卷积层和 5 个最大池化层，并在 3×3 的卷积核之间引入了 1×1 的卷积核，用于压缩特征，从而提升了检测效率。在 YOLO V1 的基础上，YOLO V2 提升了平均精度（mAP）和召回率。首先，YOLO V2 通过在网络的每层加入 BN（Batch Normalization）层进行归一化处理，使 mAP 提升了 2.4%，并显著提高了模型的稳定性和收敛速度。此外，YOLO V2 解决了 YOLO V1 模型在应对高分辨率图片时的适应性问题。由于 YOLO V1 通常采用分辨率为 224×224 的图片进行预训练，当分辨率突然增加至 448×448 时，模型的表现会下降。而 YOLO V2 通过使用高分辨率的分类器，使准确率显著提高，mAP 值相比 YOLO V1 提升了约 4%。YOLO V2 还引入了锚框（anchor boxes）来预测边界框，并为每个位置的各个锚框单独预测一套分类概率值。这一改进使 YOLO V2 的召回率从 81% 提升至 88%。

YOLO V3 在继承 YOLO V1 和 YOLO V2 的优点（如检测速度快、检测精度高、背景误检率低、泛化能力强）的同时，进一步提升了检测性能，主要体现在以下几个方面：①改进的特征提取网络。YOLO V3 采用了 Darknet-53 作为主干特征提取网络，增加了卷积层的数量，并在卷积层中多次使用残差连接。这使网络更易收敛，同时增强了特征提取能力。②优化的损失函数。YOLO V3 将 YOLO V2 中的 Softmax Loss 换成了 Logistic Loss，从而提高了对大预测框的位置敏感度，并降低了对小预测框的位置敏感度。此外，YOLO V3 将锚框的数量从 5 个增加至 9 个，进一步提升了 IOU（交并比）和检测准确度。③多尺度特征图输出。YOLO V2 仅输出 13×13 尺寸的特征图，而 YOLO V3 在输出 13×13 尺寸特征图的同时，进行了 2 次上采样，最终输出 13×13、26×26 和 52×52 尺寸的特征图。这一改进显著提升了 YOLO V3 在多尺度目标检测中的性能。

YOLO V4 是一个可以直接应用在实际工作中的快速目标检测算法，其检测速度和检测精度都要远高于 YOLO V3。

YOLO V4 的结构在 YOLO V3 的基础上进行了显著改进，主要体现在引入了 CSP（Cross Stage Partial）和 PAN（Path Aggregation Network）结构。尽管从可视化流程图上看，YOLO V4 的架构可能显得更加复杂，但其核心架构与 YOLO V3 保持一致，只是在各个子结构中加入了新的算法思想，进一步提升了检测性能。

在 2020 年 6 月 10 日，YOLO V5 发布，这是 YOLO 框架的最新版本。研究表明，YOLO V5 的表现优于谷歌开源的目标检测框架 EfficientDet。虽然 YOLO V5 的开发者并未明确与 YOLO V4 进行详细对比，但他们声称 YOLO V5 能在 Tesla P100 上实现 140 FPS 的快速检测，而 YOLO V4 的基准测试速度仅为 50 FPS。因此，YOLO V5 在速度方面表现突出，同时具有非常轻量级的模型大小，在准确度上也与 YOLO V4 基本相当。

虽然 YOLO V5 并未带来非常重大的创新，但其在多个方面都优于 YOLO V4，尤其是在检测速度和模型大小方面的进步更加显著。这使 YOLO V5 成为当前目标检测领域中的重要工具。

2.4.3 基于 YOLO V5 改进的目标检测算法

YOLO V5 沿用了以往模型的网格概念，架构图片划分成网格，让每个网格预测一个或多个物体。在训练的过程中，锚框会朝着真实值存在的网格靠近或远离，将锚框与真实框宽高的差和坐标的差看作损失函数，把二元交叉熵作为置信度的损失，那么目标检测问题就会大大简化为简单的回归预测和分类问题。

目前，第六代 YOLO V5 共提出五种网络结，即 YOLO V5n、YOLO V5s、YOLO V5m、YOLO V5l 和 YOLO V5x。其中 YOLO V5n 是系列中的一个变体，目前已被大量部署在嵌入式平台进行实时检测任务。YOLO V5s 是系列中最小的模型，在计算资源有限的设备上能够展现最快的检测速度。随着网络深度的增加，AP 精度也提高，需要的计算资源也更多。

YOLO V5 在推出后迅速成为目标检测领域的热门工具，凭借其出色的性能表现和轻量级的模型架构，赢得了广泛的应用和认可。与之前版本相比，YOLO V5 进一步优化了检测速度和精度，展现了在实时检测任务中的强大优势。这一框架的模块化设计为进一步优化和改进提供了极大的灵活性。正因如此，YOLO V5 很容易被用于各种特定任务的定制和优化，通过引入新的算法思想或改进现有模块来提升模型的精度和效率。接下来，将对 YOLO V5 的改进进行详细介绍，展示其如何在实践中进行有效的优化和应用拓展。

2.4.3.1 基于注意力机制改进的目标检测算法

注意力机制（Attention Mechanism）是深度学习中一种常用的数据处理方法，其类似于人类对外界事物的观察方式。在计算机视觉领域中广泛运用，如图像分类、目标检测和图像分割等任务。通过关注关键的局部信息，再将不同区域的信息组合起来，我们可以形成一个对整体的理解。其中，掩码（Mask）是一种常见的注意力机制实现方式。其原理是通过添加一层新的权重，来标识图片数据中关键特征所在的区域。通过训练，深度神经网络可以学习到针对每张新图片应该关注哪些区域以及这些区域的权重大小，从而实现更精准的预测和分类。具体来说，注意力机制的本质是利用相关特征图学习权重分布，再通过权重施加在原特征图上最后进行加权求和。加权可以在空间尺度和通道尺度上进行，分别给不同的空间区域和通道特征赋予权重。

　　注意力机制的应用可以提高深度神经网络的性能和效率，对于那些需要处理大量数据或复杂任务的情况非常有用。它已被广泛地应用于自然语言处理、图像识别和语音识别等各种不同类型的机器学习任务中，并取得了令人印象深刻的结果。本节将基于注意力机制对模型提出改进。

　　SENet 是胡杰等[37]提出的一种网络结构，插入在 ResNet 和 VGG16 等热门识别网络中都取得了改进的效果。SE 模块与传统卷积的不同之处在于它通过三个操作来生成新的特征。首先，对每个二维特征通道进行压缩，得到一个具有全局感受野的实数。压缩后的输出维度与输入特征通道数相同。其次，使用参数 W 为每个特征通道生成权重，学习特征通道之间的相关性，并通过激活函数进行激活。最后，将激活输出视为特征选择后每个通道的重要性，通过逐通道乘法加权到原始特征上，完成对原始特征的重标定。图 2-64 是 SE 模块的示意图。

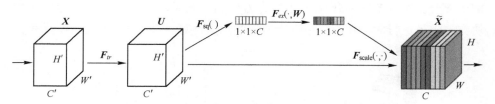

图 2-64　模块示意图

　　CBAM[38]是一种网络模块，可以通过通道和空间两个维度推断注意力。与只关注通道注意力机制的 SENet 相比，CBAM 模块能获得更好的效果。通过多层感知网络 MLP 对特征图进行处理，然后在空间维度上压缩以生成通道注意力机制，进而采用平均值和最大值池化聚合特征的空间信息，产生通道注意力特征。通道注意力机制可以表达如下：

$$M_c(F) = \mathrm{sigmoid}(\mathrm{MLP}(\mathrm{avgpool}(F)) + \mathrm{MLP}(\mathrm{maxpool}(F))) \qquad (2.6)$$

　　空间注意力机制是对通道进行压缩，在通道维度上分布进行平均值池化和最大值池化。空间注意力机制表达如下：

$$M_s(F) = \mathrm{sigmoid}(f^{7\times7}(\mathrm{avgpool}(F));(\mathrm{maxpool}(F))) \qquad (2.7)$$

　　两个注意力模块的结构如图 2-65 所示。

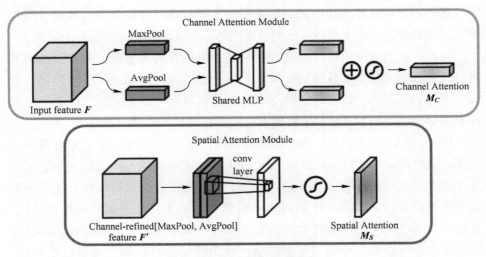

图 2-65　CBAM 结构示意图

SOCA[39]是一种为深层网络考虑高层特征之间关联性的机制。SOCA 包括两个部分，协方差归一化和通道注意力机制。先对协方差进行特征分解，对协方差求幂进行归一化，随后进行通道注意力计算，其结构如图 2-66 所示。

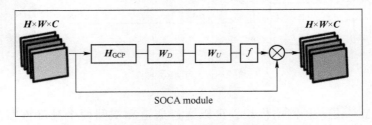

图 2-66　SOCA 结构示意图

其中，H_{GCP}代表特征向量在 C 维度上的通道统计量，计算公式如下：

$$H_{\mathrm{GCP}}(y_c) = \frac{1}{c}\sum_{i}^{c} y_c(i) \tag{2.8}$$

2.4.3.2　基于头部网络改进的目标检测算法

在目标检测任务中，被测目标的大小通常是不固定的。在以往的卷积网络中，多层特征的提取通常带来两个极端：浅层特征分辨率高，但感受野很小，因此缺乏语义信息；而深层特征感受野大，语义信息丰富，但随着模型深度的增加，深层语义中极大的感受野也会稀释被测物体的语义信息。

YOLO X[41]中曾设计了一种双头结构（decoupled head）。目标识别中的分类和定位任务及解耦的头部网络能够分别对分类和定位进行预测，分类任务更加关注的是网络中的特征与哪种目标类别更为相似，而分类定位任务更加关注目标实际所在的位置坐标。在 YOLO 系列算法中，检测头一直是耦合状态，两种检测头结构对比如图 2-67 所示。

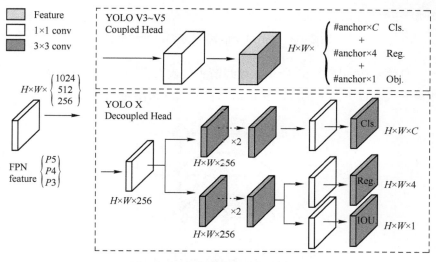

图 2-67　解耦检测头结构示意图

Adaptively Spatial Feature Fusion[42]是一种金字塔特征融合策略，通过自适应学习每个不同尺度特征图的融合权重，解决特征金字塔内部不同尺度特征的不一致性问题。而 YOLO V5 头部网络中使用了一种改进 FPN 的特征金字塔。在 FPN 中，浅层特征传递到深层的过程中，需要经过多个网络层，浅层特征信息丢失较为严重。因此，在 FPN 的基础上将自下而上和自上而下的网络进行双向融合，并且添加了一个由底层连接高层的"捷径"，以此加强骨干网络对特征的提取能力。在 FPN 中每个特征图都会输出一个结果，将特征提取出的感兴趣区域 ROI（Region Of Interest）压缩成一维向量，然后通过去和等方式进行不同的融合，最后对目标框和类别进行预测，其结构图如图 2-68 所示。

BIFPN[43]是一种重复加权双向特征金字塔网络，相较于 PANET，BIFPN增加了残差链接，增强了特征的表征能力。PANET 中输入边的节点未进行特征融合，具有的特征信息少，对最终融合贡献不大，因此移除了单输入边的

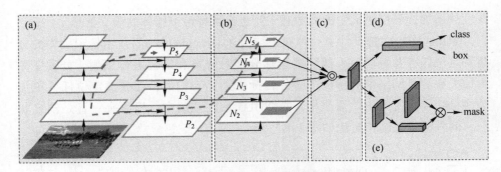

图 2-68　YOLO V5 特征金字塔结构示意图

节点。具体结构如图 2-69 所示。虚线箭头代表自上而下的高层特征信息，点划线箭头代表自下而上的底层特征信息，双线箭头则是残差链接。

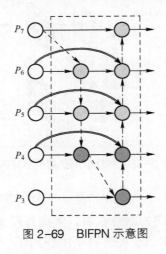

图 2-69　BIFPN 示意图

2.4.3.3　基于骨干网络改进的目标检测算法

ConvNext[44] 是在 ResNet50 的基础上，仿照 Swin Transformerd 结构改动得到完全由卷积结构构成的网络，其准确性和扩展性具有能够与 Transformer 竞争的实力。其骨干网络中最大的创新就是使用了 Depth-wise Convolution（卷积核数量等于输入通道数），并且增大每个卷积核的大小。每个卷积核处理一个通道，在空间维度上做信息融合，得到类似于自注意力机制类的效果，使网络对特征的提取更加精确（图 2-70）。

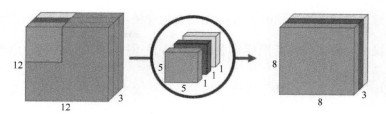

图 2-70　Depth-wise 卷积示意图

图 2-71 展示了 ConvNeXt 与 ResNet 模块之间的对比。

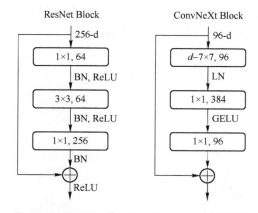

图 2-71　ResNet 与 CcnvNeXt Block 示意图

MobileNet[45]是一款轻量化的深度学习神经网络,其使用深度可分离卷积(Depth-wise separable Convolution)替代标准卷积,大幅降低了计算量和模型参数。这种改进并不会影响检测精度。深度可分离卷积由深度卷积和逐点卷积两部分组成,这里介绍逐点卷积(图 2-72)。

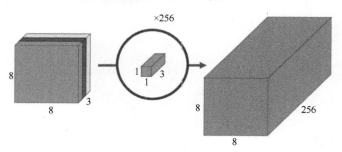

图 2-72　逐点卷积示意图

通过对深度卷积得到的 8×8×3 输出特征图使用 256 个 1×1×3 的卷积核进行卷积操作，得到的特征图同样为 8×8×256，但运算量会下降为原来的 $\frac{1}{N}$ + $\frac{1}{D_k^2}$，其中，$N=256$，D_k^2 表示深度卷积的卷积核大小。

Slimneck[46] 提出 Depth-wise separable Convolution 虽然减少了计算量，但是其特征提取和融合能力比标准卷积低很多，因此引入了一种新方法 GSConv，通过打乱标准卷积中的特征并混合到 DSC 的输出中，使 DSC 的输出尽可能接近标准卷积。然后，在 GSConv 的基础上继续引入 GSbottleneck 和 VoV-GSCSP 模块，图 2-73 展示了两个模块的结构。

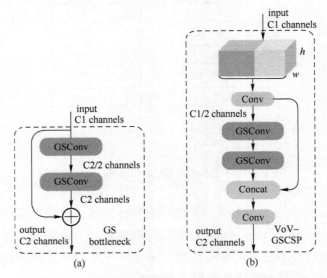

图 2-73　GSbottleneck 和 VoV-GSCSP 模块示意图

第**3**章
基于开源数据的目标跟踪分析

3.1 目标跟踪简介

目标跟踪是计算机视觉领域研究的一个热点问题，其利用视频或图像序列的上下文信息，对目标的外观和运动信息进行建模，从而对目标运动状态进行预测并标定目标的位置。实际上，本书中目标跟踪不仅基于视频或图像的目标跟踪，而且包括基于开源文本数据的目标跟踪，即根据开源文本数据中关于目标的活动事件的提取、融合，生成目标活动的事件线，以实现从目标活动的事件角度跟踪目标[47-48]。

3.2 传统的基于图像的目标跟踪方法

为了全面理解目标跟踪技术，本书将详细介绍几种经典的目标跟踪算法，包括光流法、卡尔曼滤波、粒子滤波、均值漂移稀疏编码和字典学习。

3.2.1 光流法

光流（Optical Flow）的概念最早由 Gibson 于 1950 年提出，是指目标、场景或摄像机在连续两帧图像间的运动所引起的像素变化。光流是指空间中运动物体在成像平面上像素运动的瞬时速度。它通过分析图像序列中像素随时间的变化，以及相邻帧之间的相关性，来计算物体在相邻帧之间的运动信息。通常，光流的产生源于场景中前景目标的移动、相机的运动，或两者的共同作用[49]。光流的计算方法大致可以分为三类：

85

（1）基于区域或者基于特征的匹配方法；

（2）基于频域的方法；

（3）基于梯度的方法。

简单来说，光流是空间运动物体在观测成像平面上的像素运动的"瞬时速度"。光流的研究是利用图像序列中的像素强度数据的时域变化和相关性来确定各自像素位置的"运动"。研究光流场的目的就是从图片序列中近似得到不能直接得到的运动场。

注：运动场，其实就是物体在三维真实世界中的运动；光流场，是运动场在二维图像平面上的投影。

光流法的前提假设：

（1）相邻帧之间的亮度恒定；

（2）相邻视频帧的取帧时间连续，或者相邻帧之间物体的运动比较"微小"。

（3）保持空间一致性，即同一子图像的像素点具有相同的运动。

光流法用于目标检测的原理：给图像中的每个像素点赋予一个速度矢量，这样就形成了一个运动矢量场。在某一特定时刻，图像上的点与三维物体上的点一一对应，这种对应关系可以通过投影来计算得到。根据各个像素点的速度矢量特征，可以对图像进行动态分析。若图像中没有运动目标，则光流矢量在整个图像区域是连续变化的。当图像中有运动物体时，目标和背景存在相对运动。运动物体所形成的速度矢量必然和背景的速度矢量有所不同，如此便可以计算出运动物体的位置。需要提醒的是，利用光流法进行运动物体检测时，计算量较大，无法保证实时性和实用性[50]。

光流法用于目标跟踪的原理：

（1）对一个连续的视频帧序列进行处理；

（2）针对每个视频序列，利用一定的目标检测方法，检测可能出现的前景目标；

（3）如果某一帧出现了前景目标，找到其具有代表性的关键特征点（可以随机产生，也可以利用角点来做特征点）；

（4）对之后的任意两个相邻视频帧而言，寻找上一帧中出现的关键特征点在当前帧中的最佳位置，从而得到前景目标在当前帧中的位置坐标；

（5）如此迭代进行，便可实现目标的跟踪。

3.2.2　卡尔曼滤波器

卡尔曼滤波器的一个典型应用是从一组有限的、包含噪声的物体位置观测序列中（可能带有偏差）预测物体的坐标和速度。例如，在雷达系统中，关键任务是跟踪目标。然而，目标的位置、速度和加速度的测量值往往受到噪声影响，可能存在误差。卡尔曼滤波器通过利用目标的动态信息，设法消除噪声影响，从而对目标位置进行准确估计。这种估计可以针对当前目标位置（滤波）、未来位置（预测）或过去位置（插值或平滑）。

那么，什么是卡尔曼滤波器呢？

（1）卡尔曼滤波器的应用范围：卡尔曼滤波器可用于任何含有不确定信息的动态系统中，通过它可以对系统的下一步走向做出有依据的预测。即使系统受到各种干扰，卡尔曼滤波器仍能有效地推测出真实情况。它特别适合用于连续变化的系统，因为它占用的内存较小（只需要保留前一个状态量），并且运算速度快，非常适合实时问题和嵌入式系统的应用。

（2）卡尔曼滤波器的本质：卡尔曼滤波器是一种高效的递归滤波器，能够从一系列不完整且包含噪声的测量数据中估计动态系统的状态。

（3）卡尔曼滤波器的特性：对于线性系统，卡尔曼滤波器能够从不精确的预测状态和观测状态中精确估算出系统状态。其估计过程只需要保留最近一次的估算结果，因此速度快、资源需求低。

（4）卡尔曼滤波过程为：根据当前状态和系统方程估算下一状态→获取下一状态的观测结果→使用当前卡尔曼增益加权平均更新估计值→更新卡尔曼增益。整个过程迭代执行。

（5）更新估计值时预测值和观测值所占权重由其不确定性决定，基本卡尔曼滤波器擅长处理正态分布的误差。

3.2.3　粒子滤波

卡尔曼滤波在使用上有两个重要前提：一是系统噪声必须符合高斯分布（正态分布），二是系统必须是线性的。然而，对于非线性或非高斯系统，卡尔曼滤波的局限性就显现出来了。为解决这些问题，粒子滤波应运而生。

粒子滤波基于贝叶斯推理和重要性采样的框架，是对卡尔曼滤波的一种扩展。贝叶斯推理与卡尔曼滤波过程相似，但在处理非线性、非高斯模型时，粒子滤波采用了蒙特卡罗方法（Monte Carlo method），即通过频率来指代概率。

　　重要性采样是粒子滤波的核心机制，它根据对粒子的信任程度赋予不同权重：信任度高的粒子权重较大，信任度低的权重较小。根据这些权重的分布，可以估计目标的相似程度。

　　粒子滤波的思想基于蒙特卡罗思想，利用粒子集来表示概率，可以用于任何形式的状态空间模型上。1998 年，Andrew 和 Michael 成功将粒子滤波应用在目标跟踪领域。在初始化阶段提取目标特征，在搜索阶段按均匀分布或高斯分布的方式在整个图像搜索区域内进行粒子采样，然后分别计算采样粒子与目标的相似度，相似度最高的位置即为预测的目标位置。后续帧的搜索会依据前一帧中预测的目标位置做重要性重采样。传统的粒子滤波跟踪算法仅采用图像的颜色直方图对图像建模，计算量会随着粒子数量的增加而增加，并且当目标颜色与背景相似时，往往会跟踪失败。具体过程如下。

　　粒子滤波的核心思想就是基于奖励惩罚机制（强化学习）的优化。首先，根据状态转移方程，对于每个粒子的位置进行更新。但这个更新只是基于航迹推算（dead reckon）得到的，我们要融合绝对定位与相对定位，绝对定位的信息并未融合进去。根据状态转移方程得到的新状态是否可行，能有多大的概率，还取决于绝对定位的结果也就是输出方程。

　　把状态转移方程得到的结果代入输出方程，得到一个输出，这个输出是估计值，而根据绝对定位的观测，这个值对应的观测值也是可以测量得到的，现在这两个值之间有个差额，很明显这个差额越小，之前得到的状态越可信，反之，状态越不可信。

　　把这个差额指标作为评估函数来修正各个状态的估计概率。简单地说，一开始在整个地图上均匀分配一大波粒子（当然有改进的预处理算法，可以事先往正确点靠，减少计算量），每个粒子都可以算出一个估计值，然后再得到一个实际的观测值，将与观测值相差较小的粒子留下来（具体留多少个粒子需要根据系统模型，现在也有自适应的算法，可以自己改变留下来的粒子数目），这样每个粒子都有一个和观测值的差值，然后再进行下一次同样方法的更新（这个过程叫作重采样），最后我们就会留下可信度非常高的粒子。这一般就是最后的正确值。

　　粒子滤波技术在非线性、非高斯系统表现出来的优越性，决定了它的应用范围非常广泛。另外，粒子滤波器的多模态处理能力，也是它应用广泛的原因之一。国际上，粒子滤波已被应用于各个领域。在经济学领域，它被应用在经济数据预测；在军事领域，已经被应用于雷达跟踪空中飞行物，空对空、空对地的被动式跟踪；在交通管制领域，它被应用在对车或人的视频监控上；它还用于机器人的全局定位。

3.2.4　均值漂移

均值漂移（Mean Shift）算法是 Fukunaga 于 1975 年提出的，其基本思想是利用概率密度的梯度爬升来寻找局部最优。到 1995 年，Yizong Cheng 针对离 x 越近的采样点对 x 周围的统计特性越有效，定义了一族核函数，并根据所有样本点的重要性不同，设定了一个权重系数，扩大了均值漂移的使用范围。

均值漂移算法的原理相对简单：假设我们有一个点集和一个小的窗口，这个窗口通常为圆形或椭圆形。算法的目标是将这个窗口移动到点集密度最大的区域，即窗口中包含最多点的位置。通过不断调整窗口的位置，使其逐步"爬升"到局部密度峰值处，最终实现对数据集的聚类或模式识别，如图 3-1 所示。

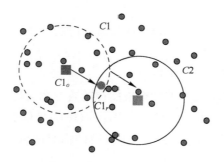

图 3-1　Mean Shift 算法原理

最开始的窗口是虚线圆环的区域，命名为 $C1$。虚线圆环的圆心用一个深色的矩形标注，命名为 $C1_o$。而窗口中所有点的点集构成的质心在虚线圆形点 $C1_r$ 处，显然圆环的形心和质心并不重合。所以，移动窗口，使形心与之前得到的质心重合。在新移动后的圆环的区域中再次寻找圆环当中所包围点集的质心，然后再次移动，通常情况下，形心和质心是不重合的。不断执行上面的移动过程，直到形心和质心大致重合结束。这样，最后圆形的窗口会落到像素分布最大的地方，也就是图中的实线圈，命名为 $C2$。

均值漂移算法除了应用于视频追踪中，在聚类、平滑等各种涉及数据以及非监督学习的场合中均有重要应用，是一个应用广泛的算法。图像是一个矩阵信息，如何在一个视频中使用均值漂移算法来追踪一个运动的物体呢？大致流程如下。

（1）首先在图像上选定一个目标区域。

（2）计算选定区域的直方图分布，一般是 HSV 色彩空间的直方图。

（3）对下一帧图像 b 同样计算直方图分布。

（4）计算图像 b 中与选定区域直方图分布最为相似的区域，使用 Mean Shift 算法将选定区域沿着最为相似的部分进行移动，直至找到最相似的区域，便完成了在图像 b 中的目标追踪。

（5）重复步骤（3）到步骤（4）的过程，就完成整个视频目标追踪。

通常情况下，我们使用直方图反向投影得到的图像和第一帧目标对象的起始位置，当目标对象的移动会反映到直方图反向投影图中，均值漂移算法就把我们的窗口移动到反向投影图像中灰度密度最大的区域了。

直方图反向投影的流程如下。

假设我们有一张 100×100 的输入图像，有一张 10×10 的模板图像，查找的过程如下。

（1）从输入图像的左上角(0,0)开始，切割一块(0,0)至(10,10)的临时图像。

（2）生成临时图像的直方图。

（3）用临时图像的直方图和模板图像的直方图对比，对比结果记为 c。

（4）直方图对比结果 c，就是结果图像(0,0)处的像素值。

（5）切割输入图像从(0,1)至(10,11)的临时图像，对比直方图，记录到结果图像。

（6）重复步骤 1~步骤 5 直到输入图像的右下角，就形成了直方图的反向投影。

Mean Shift 视频追踪实现如下。

在 OpenCV 中实现 Mean Shift 的 API 是 cv. meanShift(probImage, window, criteria)。

参数：probImage：ROI 区域，即目标的直方图的反向投影；window：初始搜索窗口，就是定义 ROI 的 rect；criteria：确定窗口搜索停止的准则，主要有迭代次数达到设置的最大值，窗口中心的漂移值大于某个设定的限值等。

实现 Mean Shift 的主要流程如下。

（1）读取视频文件：cv. videoCapture( )。

（2）感兴趣区域设置：获取第一帧图像，并设置目标区域，即感兴趣区域。

（3）计算直方图：计算感兴趣区域的 HSV 直方图，并进行归一化。

（4）目标追踪：设置窗口搜索停止条件，直方图反向投影，进行目标追踪，并在目标位置绘制矩形框。

由于均值漂移计算速度快，且对目标形变和遮挡有一定鲁棒性，均值漂移算法受到广泛重视。但提取的颜色直方图特征对目标的描述能力有限，缺乏空间信息，故均值漂移算法仅能在目标与背景能够在颜色上区分开时使用，有较大局限性。

3.2.5　稀疏编码

稀疏编码是智能信息处理的重要工具，目前在图像分类、人脸识别、图像的超分辨重建等方面得到广泛的应用。基于稀疏编码的目标观测模型对环境的变化具有一定的鲁棒性，因此，通常用稀疏编码解决复杂场景下的目标跟踪问题。稀疏编码应用于目标跟踪时，将跟踪问题的求解转化为在模板空间中寻求一个稀疏近似解。

稀疏编码是获取、表示和压缩高维信号的重要工具，其基本思想是：给定一个足够大的基集（也称作超完备字典），对于一个待编码信号，从基集中尽可能少地选择基向量线性重建待编码信号，同时使重构误差尽可能小。在跟踪问题中，可以利用稀疏表示对干扰的不敏感特性建立目标观测模型。

3.2.6　字典学习

字典学习包括稀疏编码和字典更新两个阶段，先更新迭代稀疏系数矩阵，然后在迭代字典矩阵和稀疏系数矩阵时更新字典，以得到符合优化目的的字典，对数量巨大的数据集进行降维，从中得到最能表现样本的特征，达到运算量最小的目的。目前，较成熟的字典学习算法有正交匹配追踪（orthogonal matching pursuit，OMP）算法、最优方向法（method of directions，MOD）算法等。利用构建图像特征集合字典对目标特征信息进行分析对比，可解决目标长期静止时的跟踪问题，并利用实时更新目标模板，最大限度地保证模板实时表征目标的各种特性。

3.3 基于深度学习的目标跟踪方法

深度学习近年来作为一种热门技术，在各个领域都取得了显著的应用成果，目标跟踪领域也不例外[51-52]。凭借卓越的特征建模能力，深度学习方法在目标跟踪中得到了广泛应用。基于深度学习的目标跟踪方法主要分为两类：一类是利用卷积神经网络（CNN）提取目标特征，然后与其他跟踪方法相结合，实现目标的精确跟踪；另一类是通过训练端到端的神经网络模型，直接由神经网络完成目标跟踪的所有步骤。接下来，将简要介绍神经网络的基本结构、典型的卷积神经网络模型、孪生神经网络的工作原理，以及几种具有代表性的深度学习跟踪算法[53-54]。

3.3.1 卷积神经网络

卷积神经网络（convolutional neural network，CNN）是一种前馈神经网络，最早由 LeCun 提出并应用于手写字体识别上[55]。CNN 不需要预先处理图像，可以直接将原始图像输入网络中，操作更简洁，因而得到广泛应用，经典的网络结构层出不穷。卷积神经网络包含卷积层、池化层、全连接层以及输出层。一个典型的卷积神经网络结构如图 3-2 所示[56]。

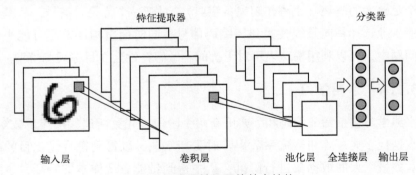

图 3-2　卷积神经网络基本结构

其中，卷积层是 CNN 中最核心的部分，主要功能是特征提取，底层网络能够提取如边缘、轮廓等低级特征，深层网络能够从低级特征中提取更复杂的特征[57]。对二维图像做卷积操作，类似于滑动窗口对图像滤波，因此也把卷积核称为滤波器（filter）。卷积核的选择决定了特征图的质量，图像经由不同的卷积核处理能够得到不同的特征图。卷积核的数量越多，提取到的特征图也越多，但相应的计算复杂度增加，若卷积核的数量太少，则无法提取出输入图像的有效特征[58]。使用卷积核提取图像特征的过程如图 3-3 所示。

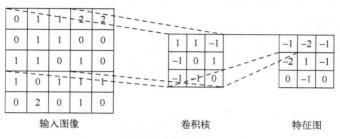

输入图像　　　　　　　　卷积核　　　　　　　特征图

图 3-3　卷积核提取图像特征过程图

池化层，也称降采样层，由卷积层得到的特征图通常维度过高，因此在卷积层后连接一个池化层，用于降低特征维度。池化层的操作方式与卷积层基本相同，常用的池化方式有最大池化和平均池化，如图 3-4 所示。最大池化即取滑动窗口所对应区域的最大值作为池化输出，平均池化即取滑动窗口所对应区域的平均值作为池化输出。池化操作不仅可以降低特征维度，减少计算量，还具备特征不变性，能够保留原始图像中最重要的特征。

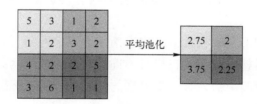

图 3-4　平均池化

全连接层通常位于卷积神经网络的尾部，与传统的神经网络连接方式一致，主要负责将所有局部特征连接成全局特征，并将输出值传送给分类器。全连接层连接所有特征的方式是将卷积输出的二维特征图转化成一维向量，然后再乘一个权重，权重矩阵是固定的，且应与由特征图生成的一维向量大小一致，这就要求网络输入层图像必须固定尺寸，才能保证传送到全连接层的特征图的大小与全连接层的权重矩阵相匹配。最后将得到的图像特征通过 sigmoid 函数或其他类型的函数映射到输出层，完成分类任务。

3.3.2 孪生神经网络

孪生神经网络是一种包含两个或多个相同子结构的神经网络架构，各子网络共享权重。孪生神经网络的目标是通过多层卷积获取特征图后，比较两个对象的相似程度，在人脸认证、手写字体识别等任务中常被使用。其网络结构如图 3-5 所示，两个输入分别进入两个神经网络，将输入映射到新的空间，形成输入在新空间中的表示，通过损失的计算，评价两个输入的相似度[59]。

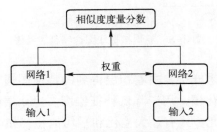

图 3-5　孪生神经网络网络结构

此外，该网络的特点是可以充分利用有限的数据进行训练，这一点对目标跟踪来说至关重要，因为在跟踪时能够提供的训练数据与目标检测相比较少[60]。

若子网络之间不共享权重，则称为伪孪生神经网络。对于伪孪生神经网络，其子网络的结构可以相同，也可不同。与孪生神经网络不同，伪孪生神经网络适用于处理两个输入有一定差别的情况，如验证标题与正文内容是否一致、文字描述与图片内容是否相符等，要根据具体应用进行网络结构的选择。

3.3.3 典型的深度学习跟踪算法

目前，完全基于卷积神经网络的目标跟踪主要有两种方式[61]：一种是采用"离线训练+在线微调"的模式；另一种方式是不采用离线训练，而是通过构建更简洁的卷积神经网络达到在线跟踪的要求[62]。以下选择代表性算法做简要介绍。

3.3.3.1　MDNet

要提升 CNN 在目标跟踪中的表现能力，需要大量训练数据，大多跟踪算法解决训练数据不足的策略是使用辅助的非跟踪数据进行预训练，以获取对目标特征的通用表示，但这一策略与跟踪任务本身存在一定偏离[63-64]。MD-Net[65]创造性地提出多域网络（multi-domain network），利用跟踪序列进行预训练，在线跟踪时将网络结构微调，MDNet 结构如图 3-6 所示。

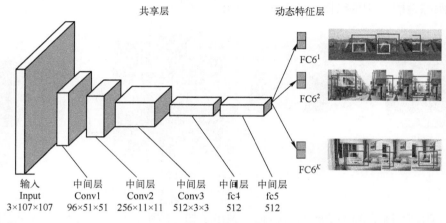

图 3-6　MDNet 结构

MDNet 网络为多域结构，采用来自 VGG-M 的卷积层提取特征，采用全连接层进行分类，这里的分类为二分类，即只区分前景与背景。采用多域结构是为了适应不同的跟踪序列，每个序列都对应一个单独的域，每个域内都有一个针对它的二分类层（FC6）进行分类，该层也称为特定域层。在FC6 之前的所有层为共享层，会将序列进行共享。这样就实现了通过共享层学习目标的通用特征表达，通过特定域层解决不同序列分类目标不一致的问题。

MDNet 通过离线训练得到卷积层参数，在线跟踪时，卷积层参数不变，根据第一帧样本新建一个 FC6 层，在跟踪过程中在线微调 FC4～FC6 的参数，以适应目标变化。同时，通过案例挖掘重点关注背景中难以划分的样本，减轻跟踪漂移问题，增强网络判别能力。

MDNet 获得了 VOT2015 竞赛的冠军，但由于跟踪过程中计算量较大，且在线更新全连接层参数耗时，使 MDNet 即使在 GPU 上也只能达到 1fps，仍有进一步提升的空间。

3.3.3.2 FCNT

大多数基于深度学习的跟踪算法都是先在海量数据上预训练，再传递到跟踪问题上，这些方法在评价基准上能达到 90%以上的精度，但这纯粹是利用了 CNN 强大的特征表示能力。基于全卷积网络的目标跟踪算法 FCNT[66]，通过分析各个层特征对跟踪的影响，更加合理地选择特征以减少计算量，提升跟踪性能，其跟踪框架如图 3-7 所示。

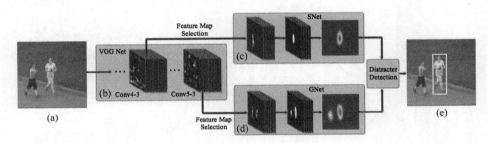

图 3-7　FCNT 跟踪框架

FCNT 基于 VGG Net 网络结构，做出了如下贡献：第一，分析了不同层次特征的特点，发现底层特征提供更多的细节信息，可以更好地区分外观相似的目标，而高层特征包含更多语义信息，对区分不同类别鲁棒性更强；第二，发现对目标来说，并非所有特征都对跟踪有用，可能会存在噪声特征，因此提出一种特征选择机制，去除噪声特征，使跟踪更精确。

在跟踪过程中，对于输入的视频帧，先利用 VGG Net 提取 Conv4-3 及 Conv5-3 的特征，然后将筛选出的特征分别传送给区分目标与相似背景的 SNet，以及捕捉目标类别信息的 GNet。SNet 及 GNet 分别生成两个响应图独立执行目标定位，最终目标位置由检测器进行判定。FCNT 的跟踪精度达到了 85.6%，但跟踪速度仍然达不到实时性要求，仅有 3fps。

一般来说，相比光流法、卡尔曼滤波、均值漂移等传统算法，相关滤波类算法跟踪速度更快，深度学习类方法精度高；具有多特征融合以及深度特征的追踪器在跟踪精度方面的效果更好；使用强大的分类器是实现良好跟踪的基础；尺度的自适应以及模型的更新机制也影响着跟踪的精度。

3.3.4　其他方法

3.3.4.1　生成式模型方法

生成式模型方法，通过对目标模板进行建模，在当前帧寻找与模型最相似的区域作为目标预测位置。生成模型方法包括卡尔曼滤波、粒子滤波、Mean-Shift、PCA、稀疏编码、字典学习等。基于生成式模型方法的目标跟踪算法着眼于对目标本身的刻画，忽略背景信息，在目标自身变化剧烈或者被遮挡时易产生漂移。

3.3.4.2　判别式模型方法

判别式模型方法，是以当前帧的目标区域为正样本，背景区域为负样本，通过正、负样本训练分类器，把训练好的分类器用在下一帧中寻找最优区域，最优区域就是预测区域。与生成模型方法相比，判别模型方法利用背景信息训练分类器，使分类器具有更强的辨别能力，能够更好地区分前景和后景，所以判别式模型方法普遍要比生成式模型方法好，跟踪表现鲁棒性更强，逐渐在目标跟踪领域占主流地位，大部分基于深度学习的目标跟踪算法也归属于判别式模型。其中经典的判别模型方法有 TLD（tracking-learning-detection）[67]和 Struck。

3.4　基于事件序列的目标跟踪方法

在互联网时代背景下，各类新闻网站及社交平台提供了大量可实时获取的碎片化信息，使实现军事目标活动事件分析及演化进程追踪成为可能。针对社交网络场景下目标跟踪需求，提出一种基于开源数据事件抽取的目标跟踪方法[68]，通过构造主题事件线来实现目标及其活动事件的演化分析，技术框架如图 3-8 所示，关键技术如下。

（1）事件抽取：使用信息抽取的方法从开源情报文本中抽取事件，获得结构化的目标角色及相关事件要素信息。

（2）事件融合：基于事件的多尺度显式特征进行事件融合，基于规则进行目标实体对齐，并通过特征相似度评估和不可能事件判定方法对同一目标实体的事件进行等价性分析和冲突检测。

（3）事件线生成：基于事件的隐式语义信息对事件进行聚类得到故事，将故事按目标拆分为目标故事，并归纳得到故事主题，通过梳理目标故事的时间脉络追踪故事情节的演化过程。

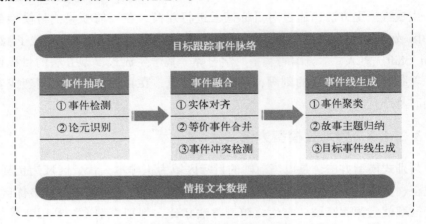

图 3-8　基于开源文本数据的目标跟踪框架

3.4.1　事件融合

3.4.1.1　目标实体对齐

实体对齐（entity alignment）也称作实体匹配（entity matching），是指对于异构数据源知识库中的各个实体，找出属于现实世界中的同一实体[69]。实体对齐能够发现不同知识库中具有不同实体名称，但代表着现实世界中同一事物的实体，通过将这些实体合并，可用唯一标识对每个实体进行标识[70]。

由于军事新闻中装备实体名称的歧义性和多样性问题，要想完整地追踪目标的事件轨迹线，构建简洁明了的事件脉络，实体链接和对齐是不可或缺的部分。实体链接一般是指：对于给定的一个文本，通过学习该文本与知识库中实体的各种信息之间的相关关系，将其中的实体与给定知识库中对应的实体进行关联。由于构建知识库需要耗费巨大的人力，当知识库所具有的候选实体的信息较少时，可以通过简单地学习待链接实体名称和召回得到的候选实体名称的相关性来进行实体对齐。

实体对齐问题来源于实体提及的差异导致的实体不统一，如"榆林巡大545 舰"和"545 舰"，两者都指 545 号舰船，因此两个实体应该融合成一个。融合的方法可以依据实体链接的结果，流程如图 3-9 所示。

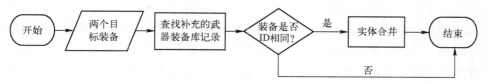

图 3-9　实体对齐技术应用流程

提出一种基于相似度计算的实体对齐方法，该方法显式构造目标实体的字符特征和词组特征，进而计算不同粒度的实体特征间的相似度，最后通过加权的方式评估两两实体间的匹配度得分。基于相似度计算的实体对齐方法的流程如图 3-10 所示，基本思路如下：首先，对实体库中的实体进行噪声剔除、数字归一化、机型归一化操作，将实体特征映射到更低维度空间，去除冗余特征，提高算法性能；其次，基于规则快速召回候选实体，降低整个实

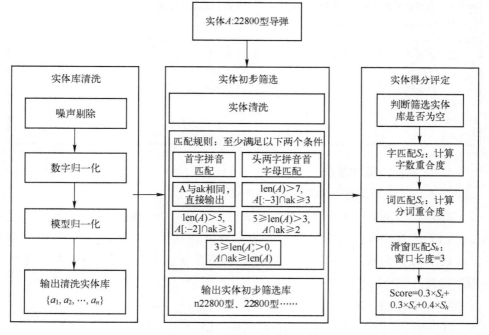

图 3-10　目标实体对齐流程

体对齐算法的复杂度；最后，基于显示特征评估目标实体与备选实体的相似度，加权得到候选实体得分，输出得分较高或高于阈值的候选实体作为对齐的对象[71]。

基于相似度计算的实体对齐方法的伪代码如表 3-1 所示，给定实体库 R 和待处理的实体 r，该算法为实体 r 从实体库 R 中找出与之指称真实世界中相同对象的实体，并返回与实体 r 对齐的实体组成的实体集合 $\mathbf{M}$。首先，基于文本特征降维算法对实体库 R 中的实体数据进行降维处理；其次，使用实体召回算法获得粗粒度水平的候选对齐实体；最后，针对候选实体，使用实体得分判定算法，计算其与实体 r 的相似度得分，返回大于阈值的实体以集合形式返回。

表 3-1　基于相似度计算的实体对齐方法伪代码

输入：实体库 $R=\{r_1,r_2,\cdots,r_n\}$、实体 $r=[c_1,c_2,\cdots,c_m]$（c_i 表示第 i 个字符）、数字集 S_n、中文字符集 S_c、英文字符集 S_e、大写英文字符集 S_u、实体得分阈值 δ
输出：实体库 R 中与实体 r 相匹配的实体集合 $\mathbf{M}$

$M \leftarrow \varnothing$
使用文本特征降维算法获得更为具象的实体表示，得到 $r \leftarrow \mathrm{clean}(r)$，$r_i \leftarrow \mathrm{clean}(r_i) \ \forall r_i \in R$
使用实体召回算法快速召回候选实体，得到 $r \leftarrow \mathrm{Record}(r,R)$
For $i=1$ to n do
　　按实体得分评定算法计算候选实体得分 $s_i = \mathrm{Score}(r,r_i)$
　　If $s_i > \delta$ then
　　　　$M.\mathrm{add}(r_i)$
　　End If
End For
Return M

1. 文本特征降维算法

文本特征降维算法的伪代码如表 3-2 所示。

如表 3-2 所示，文本特征降维主要包含以下 4 个步骤。

（1）实体输入：如 2 贰-＊＊＊800 号导弹。

（2）噪声剔除：剔除特殊字符（只保留数字、中英文字符），将所有大写字母转换成小写。

（3）实体归一化：

① 将实体中〇~九、零~玖转换成 0~9；

② 剔除型、号、岁等影响，统一转换成型。

表 3-2　文本特征降维算法

输入：实体 $r=[c_1,c_2,\cdots,c_m]$（c_i表示第 i 个字符）、数字集 S_n、中文字符集 S_c、英文字符集 S_e、大写英文字符集 S_u
输出：实体 r 在更低维特征空间的表示 clean(r)

```
For i = 1 to m do
    If not c_i ∈ S_n ∪ S_c ∪ S_e then
r←[c_1,···,c_{i-1},c_{i+1},c_m];
    Elif c_i ∈ S_u then
c_i←小写的 c_i;
    Elif c_i ∈ {○,一,···,九,零,壹,···,玖} then
c_i←阿拉伯数字形式的 c_i;
    Elif c_i ∈ {号、岁} then
c_i←型;
    End if
End For
Return r
```

（4）输出实体库或实体。

2. 实体召回算法

实体召回算法的伪代码如表 3-3 所示。

如表 3-3 所示，实体初步筛选主要包含以下 6 个步骤。

（1）将实体库所有实体进行文本特征降维，重复文本特征降维操作，获取实体库。

（2）实体输入：22800 型导弹。

（3）文本特征降维：重复文本特征降维操作。

（4）实体名称是否相同：

① 实体库中实体与输入实体相同直接输出实体库实体；

② 实体库中实体与输入实体不同：

a. 如果输入实体长度大于 7，剔除输入实体后三个字与清洗后实体进行对比，当二者至少有两个字相同时（首字拼音匹配、前两个字拼音字母匹配），输出该实体库实体；

b. 如果输入实体长度为 [5,7]，剔除输入实体后两个字与清洗后实体进行对比，当二者至少有两个字相同时（首字拼音匹配、前两个字拼音字母匹配），输出该实体库实体；

表3-3 实体召回算法

输入：实体库 $R=[r_1,r_2,\cdots,r_n]$、实体 $r=[c_1,c_2,\cdots,c_m]$（c_i表示第 i 个字符）
输出：初步召回的候选实体集合 $N=\text{Record}(r,R)$

$N \leftarrow \varnothing$
$r \leftarrow \text{clean}(r)$
For $i=1$ to n do
    $r_i \leftarrow \text{clean}(r_i)$
End For
If $r \in R$ then
    $N.\text{add}(r)$
If $m>7$ then
    $r \leftarrow [c_1,c_2,\cdots,c_{m-3}]$;
Elif $3<m<7$ then
    $r \leftarrow [c_1,c_2,\cdots,c_{m-2}]$;
Elif $m<3$ then
    For $i=1$ to n do
If r in r_i then
    $N.\text{add}(r)$;
    End For
End if
For $i=1$ to n do
    If $\exists j,k \in [1,m]$ s.t. $c_j,c_k \in r$ and $c_j,c_k \in r_i$ then
              $N.\text{add}(r_i)$;
    End if
End For
Return N

c. 如果输入实体长度为 $[3,5]$，剔除输入实体后两个字与清洗后实体进行对比，当二者至少有两个字相同时（首字拼音匹配、前两个字拼音字母匹配），输出该实体库实体；

d. 如果输入实体长度为 $[0,3]$，输入实体和清洗后实体进行全匹配，若输入实体所有字符全部在实体库中实体中，输出该实体。

（5）完成实体库初步筛选并对实体库和输入实体进行剔除后缀处理。

（6）输出：n22800 型、22800 型、22800 型奥金佐沃型、21980 型。

3. 实体得分评定算法

实体得分评定算法的伪代码如表3-4所示。

表 3-4　实体得分评定算法

输入：候选实体集 $N=[r_1,r_2,\cdots,r_n]$、实体 r 输出：实体 r 与各个候选实体的相似度得分 $s_i = \text{Score}(r,r_i), i=1,2,\cdots,n$

If $R=\varnothing$ then
　　Return$\{$ "null_enity" :$0\}$
For $i=1$ to n do
　　计算 $s_i=0.3*\text{LCSS}_c(r,r_i)+0.3*\text{LCSS}_w(r,r_i)+0.4*\text{LCSS}_{\text{win}}(r,r_i,3)$
End For
Return $[s_1,s_2,\cdots,s_n]$

其中，$\text{LCSS}_c(r,r_i)$ 为字数重合度，设实体 $r=w_1,w_2,\cdots,w_m$，其中 w_i 表示第 i 个字，那么 r 的字符集合为 $r=\{w_1,w_2,\cdots,w_m\}$，设实体 r_i 的字符集合为 C_i，那么

$$\text{LCSS}_c(r,r_i)=\frac{|C\cap C_i|}{|C|+|C_i|-|C\cap C_i|} \tag{3.1}$$

式中：$||$ 为集合的大小（模）。

$\text{LCSS}_w(r,r_i)$ 为分词匹配度，设对实体 r 进行分词得到词集 W，对实体 r_i 进行分词得到词集 W_i，那么

$$\text{LCSS}_w(r,r_i)=\frac{|W\cap W_i|}{|W|+|W_i|-|W\cap W_i|} \tag{3.2}$$

$\text{LCSS}_{\text{win}}(r,r_i,3)$ 为滑动窗口大小为 3 时的滑窗匹配度，设实体 $r=w_1,w_2,\cdots,w_m$，其中 w_i 表示第 i 个字，那么使用大小为 3 的滑动窗滑过字符串 "$w_1,w_2,\cdots,w_m$" 可得到 $A=\{w_1w_2w_3,w_2w_3w_4,\cdots,w_{m-2}w_{m-1}w_m\}$。设对 r_i 使用大小为 3 滑动窗口进行处理，得到字符串集 A_i，那么

$$\text{LCSS}_{\text{win}}(r,r_i,3)=\frac{|A\cap A_i|}{|A+|A_i|-|A\cap A_i|} \tag{3.3}$$

对实体匹配实体库进行判断：

① 若实体库为空，反馈$\{$ "null_enity" :$0\}$。

② 若匹配实体不为空：

a. 字匹配（计算字数重合度）$*0.3$；

b. 分词匹配 $*0.3$；

c. 滑窗匹配（窗口长度$=3$）$*0.4$；

d. 输出最终得分。

③ 最终对链接到的实体通过卡阈值和取 top 输出最终的实体。

3.4.1.2　等价事件关联

等价事件关联是指按目标和时间进行分组挖掘其中的等价事件（在不同上下文中拥有差异化表达方式的同质事件），再进行关联合并。等价事件关联步骤是首先将对齐后的目标角色和时间作为唯一标识符对事件进行分组；其次，扫描每组事件，依据两两事件地点的相似度判断两者是否为等价事件；最后，对等价事件进行合并，即将它们的事件元素组装为集合。

本节提出一种等价事件关联算法，伪代码如表 3-5 所示。该算法使用 $Sim_l(e_i,e_j)$ 评估事件发生地点间的相似度。若 $L_i=L_j$，则 $Sim_l(e_i,e_j)=1$；若 L_i，L_j 存在相互包含关系，如地点"长沙"属于地点"湖南省"，则 $Sim_l(e_i,e_j)=0.6$；其余情况，$Sim_l(e_i,e_j)=0$。

表 3-5　等价事件关联算法

输入：发生在时间 t 的目标 r 一组事件 $E=\{e_1,e_2,\cdots,e_n\}$，其中 $e_i=<r,t,y_i,L_i,A_i,I_i>$
输出：事件集合 $E=\{e_1,e_2,\cdots,e_m\}$，其中 $\cos(e_i,e_j)<1, \forall i,j\in[1,m]$

```
For i=1 to n do
    For j=i+1 to n do
If Sim_l(e_i,e_j)>θ then
    e=<r,t,y_i∪y_j,L_i∪L_j,A_i,I_i∪I_j>
    E.delete(e_i,e_j)
    E.add(e)
End If
    End For
End For
Return E
```

将关联后的等价事件合并可得到唯一事件，构造唯一事件的示例如下："卡尔·文森"号航空母舰在 2021 年 6 月 22 日的一组活动事件 $[e_1,e_2,e_3,e_4]$ 如表 3-6 所示，四个事件的地点都属于夏威夷附近区域，因此判定四者为等价事件，对其进行合并可得到唯一的事件 $<r,t,y,L,A,I>$，其中 $r=$ "'卡尔·文森'号航空母舰"，$t=$ "2021 年 6 月 22 日"，$y=$ {训演-训练，部署-部署服役，航行-海上航行}，$L=$ {夏威夷附近}，$A=\varnothing$，$I=$ {(新华社，i_1)，(观察者网，i_2)，(环球网，i_3)，(环球网，i_4)}。

表 3-6 2021 年 6 月 22 日 "卡尔·文森" 号航空母舰活动事件

序号	地 点	事件类型	情报来源	情 报 内 容
1	夏威夷以东海域	训演-训练	新华社	i_1 = "另外,俄军这场罕见的演习还惊动了正在夏威夷以东海域进行训练的'卡尔·文森'号航空母舰打击群。"
2	夏威夷	训演-训练	观察者网	i_2 = "如今,'卡尔·文森'号航空母舰的训练地点已经转移到距夏威夷更近的地点,显然这个时候美军还是觉得,有一个航空母舰打击群在家门口与俄罗斯形成相互威慑,心理上还能踏实一些。"
3	夏威夷附近	训演-训练、部署-部署服役	环球网	i_3 = "与此同时,美国海军的'卡尔·文森'号航空母舰已经在夏威夷附近开展演习,准备进行部署,该航空母舰战斗群预计将在今年夏天的晚些时候部署到印度洋-太平洋地区,以填补"里根"号前往中东后留下的空缺。"
4	夏威夷	航行-海上航行	环球网	i_4 = "报道称,在俄军于太平洋中部开展演习期间,美国海军的'卡尔·文森'号航空母舰战斗群也在靠近夏威夷,显然是为了回应俄罗斯的行动。"

3.4.1.3 事件冲突检测

事件冲突检测是指定义不可能事件并依据规则进行冲突检测,再通过评估事件的可信度解决事件冲突。事件冲突检测的方案是首先使用事件冲突检测算法获得元素唯一的事件集合;其次结合事件的论元结构归纳出不可能事件,如目标在同一时间出现在不同地点是不可能事件;再次,对每种不可能事件设计规则检测出冲突事件,如按目标和时间进行分组后检测同组事件中是否存在地点冲突的情况;最后,结合事件情报来源的权威性(基于来源性质、用户数量、热点情报数量、风评评估来源的权威性)以及事件在社交媒体上的提及次数,评估事件的可信度,并剔除冲突事件中可信度较小的事件[72-73]。

本节提出一种事件冲突检测算法,伪代码如表 3-7 所示。该算法同样使用 3.4.1.2 节介绍的 $\mathrm{Sim}_l(e_i, e_j)$ 评估事件发生地点间的相似度。

表 3-7　事件冲突检测算法

输入：发生在时间 t 的目标 r 一组事件 $E=\{e_1,e_2,\cdots,e_n\}$，其中 $e_j=<r,t,y_j,L_j^s,L_j^e,I_j>$，$I_j=\{I_{j1},I_{j2},\cdots,I_{jK}\}$，（情报来源，可信度）二元组集合 $S=\{(s_1,b_1),(s_2,b_2),\cdots,(s_M,b_M)\}$，不可能事件定义：$\mathrm{Sim}_I(e_i,e_j)=1$ and $\mathrm{Sim}_l(e_i,e_j)<\delta_l$。

输出：事件集合 $E=\{e_1,e_2,\cdots,e_m\}$，有 $\nexists\,i,j\in[1,m]$ s.t. $\mathrm{Sim}_I(e_i,e_j)=1$ and $\mathrm{Sim}_l(e_i,e_j)<\delta_l$

```
For i = 1 to n do
    For j = i+1 to n do
        If Sim_I(e_i,e_j) = 1 and Sim_l(e_i,e_j) < δ_l then
```
$$\mathrm{rel}(e_i)=\sum_{k=1}^{K}\sum_{m=1}^{M}b_m*1_{I_{ik}\text{ is from }s_m}$$
$$\mathrm{rel}(e_j)=\sum_{k=1}^{K}\sum_{m=1}^{M}b_m*1_{I_{jk}\text{ is from }s_m}$$
```
            If rel(e_i) > rel(e_j) then
                            E.delete(e_j)
            Else
                            E.delete(e_i)
            End If
    End For
End For
Return E
```

相比等价事件关联，事件冲突检测的过程更复杂：表 3-8 展示了"卡尔·文森"号航空母舰在 2021 年 8 月 2 日的一组活动事件 $[e_1,e_2,e_3,e_4,e_5]$，五个事件的起点都属于圣迭戈地区，但 $\mathrm{Sim}_l(e_2,e_j)=0$，$\forall j=1,3,4,5$，因此 e_2 与其余事件相冲突，对 e_1,e_3,e_4,e_5 进行合并可得到唯一事件 $e=<r,t,y,L,A,I>$，由于事件 e 的提及次数多于 e_2，且来源也更权威，因此剔除冲突事件 e_2。

表 3-8　2021 年 8 月 2 日"卡尔·文森"号航空母舰活动事件

序号	起点	终点	事件类型	情报来源	情报内容
1	圣迭戈海军基地	亚洲	航行-海上航行	央视网	当地时间 8 月 2 日，美国海军"卡尔·文森"号航空母舰从圣迭戈海军基地启程，前往太平洋奔赴亚洲进行部署
2	圣迭戈	西太平洋	部署-部署服役	网络	8 月 2 日，美海军"卡尔·文森"号航空母舰离开圣迭戈前往西太平洋部署，很有可能去参加 LSGE-2021 大规模海军演习
3	圣迭戈	印太	航行-海上航行	海外网	8 月 2 日，美海军"卡尔·文森"号航空母舰离开圣迭戈前往印太部署时的甲板特写

（续）

序号	起　点	终　点	事 件 类 型	情报来源	情 报 内 容
4	圣迭戈		航行-海上航行	观察者网	继8月2日美海军"卡尔·文森"号航空母舰离开圣迭戈后，8月3日港内的另一艘航空母舰"林肯"号也齐装满员出港，很可能也与美国海军的大规模演习有关
5	圣迭戈海军基地	亚洲	部署-部署服役、航行-海上航行	今日强美	当地时间8月2日，美国海军"卡尔·文森"号航空母舰从圣迭戈海军基地启程，前往太平洋奔赴亚洲进行部署

3.4.2　目标活动事件线生成

目标活动事件线是将目标相关情报进行事件抽取出目标、时间、地点、事件等元素，通过目标对齐、事件检测等技术实现目标事件唯一化，最后按照时间顺序构造事件线可视化故事脉络的发展过程。以故事和故事情节为单位梳理时间脉络生成事件线，追踪主题事件的演化过程，并通过绘制故事情节事件线可视化目标跟踪过程。目标活动事件线生成流程如图 3-11 所示。

在事件线构造阶段，需要将同一主题下的事件进行汇总，构成事件集合，通过对事件集合构造描述事件发展过程的有向无环图，得到事件线[74]。首先，计算任意两事件间的权重，依此生成有向边，构造一个事件图；其次，依据事件图识别主题中的事件分支，即识别该图中的所有弱连通分量，并形成弱连通分量集合；最后，为弱连通分量集合中每个弱连通分量构造一个最大生成树，即用树结构表示的分支。这些用树结构表示的分支构成新闻主题的事件线：

$$\omega(e_i,e_j)=I(T_{e_i},T_{e_j})\,\text{sim}_l(e_i,e_j)\times(c_p\text{sim}_p(e_i,e_j)+c_c\text{sim}_c(e_i,e_j)) \qquad (3.4)$$

式中：e_i 和 e_j 为两个事件；$I(T_{e_i},T_{e_j})$ 为事件间的时间关系；sim_l，sim_p 和 sim_c 为两事件地点、参与者集和及核心词的相似度；c_p 和 c_c 为权重系数；事件间的参与者与核心词的相似度同样能反映事件间的演化关系。$\text{sim}_p(e_i,e_j)$ 度量两事件的参与者集和的 jaccard 系数，$\text{sim}_c(e_i,e_j)$ 度量两事件的核心词集和的 jaccard 系数。

因此事件线构造的主要流程如下。

（1）给定主题 s 的事件集合 Event_set，并依据事件的时间升序排列事件。

（2）对于事件集和中的每个事件，计算事件 event 与任意时间在 event 之前的事件间的有向边权重，并寻找最大的权重和对应的父事件。

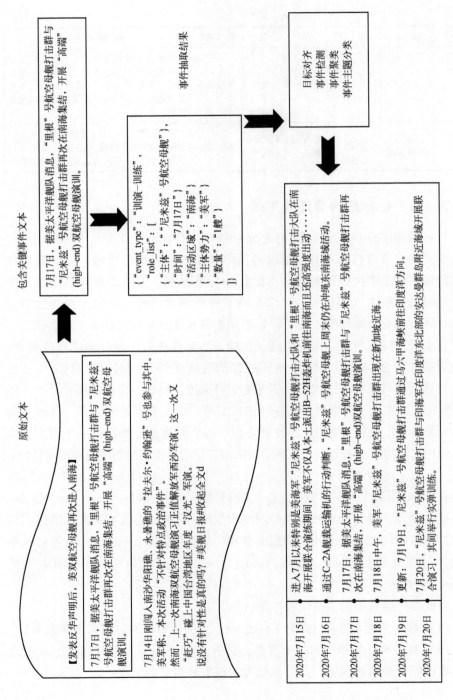

图 3-11　目标活动事件线生成流程

（3）若存在父事件，则事件 event 属于父事件的分支，并添加父事件到事件 event 的有向边，否则构建新的只包含事件 event 的分支。

（4）遍历所有故事 s 中的事件，返回最大的事件分支作为故事骨架。

3.4.2.1　事件聚类

事件聚类分析的主要任务是找出事件数据集中的簇，使同一簇内的事件相似度较高，而不同簇之间的事件相似度较低。事件聚类是生成目标活动事件线的一种重要途径。

本节提出一种两阶段的事件聚类算法，通过两个阶段不同粒度水平的事件特征聚类来组装故事，算法伪代码如表 3-9 所示。首先，在预聚类阶段，依据事件的地点、情报内容等显示语义信息，使用 DBSCAN 聚类方法对事件进行分组，并提取事件的隐式语义特征；其次，在细聚类阶段，基于上一阶段提取的事件隐式语义特征使用 LDA 方法进一步将事件关联为故事。

表 3-9　事件聚类算法

输入：事件集合 $E=\{e_1,e_2,\cdots,e_n\}$、初始故事数量 N_s 输出：故事集合 $S=\{s_1,s_2,\cdots,s_m\}$，其中 $m\leqslant N_s$

$S\leftarrow\{s_1,s_2,\cdots,s_{N_s}\}$
$\{P_1,P_2,\cdots,P_I\}\leftarrow\text{DBSCAN}(E)$
For $i=1$ to I do
　　If $i\leqslant N_s$ then
$k\leftarrow i$;
　　Else
$k\leftarrow\text{random}(1,N_s)$;
　　End If
　　初始化预簇 P_i 中所有事件的所有词赋给故事 s_k 的词列表；
End For
For iter$=1$ to N do
　　For each event $e\in E$ do
　　　　For each word $w\in e$ do
　　　　　　For each story $s\in S$ do
　　　　计算 $P(w\in s\mid w\in e)$ 得到词 w 的故事概率分布 F
　　　　　　End For
　　　　　　基于分布 F 抽样词所属的故事
　　　　End For
　　End For
End For
For each event $e\in E$ do

（续）

> 为事件 e 计算故事向量
> End For
> 依据事件分布将事件赋给概率最高的故事
> 移除故事集合中的空故事
> Return S

1. 基于 DBSCAN 的事件预聚类

在 DBSCAN 预聚类过程中，首先，为事件集合 E 中每个事件 e 学习其情报文本的词向量表示 w_e；然后基于词向量使用 DBSCAN 方法将事件聚到类成员 $P = \{P_1, P_2, \cdots, P_{N_s}\}$ 中，其中 P_2 是一个事件簇。定义 DBSCAN 的距离函数为

$$\mathrm{dis}(e_i, e_j) = 1 - \cos(w_{e_i}, w_{e_j}) \tag{3.5}$$

2. 基于 LDA 的事件细聚类

在 LDA 细聚类过程中，首先，使用 DBSCAN 方法聚类结果初始化 LDA 中故事的词分布，即将属于同一预簇的事件的词向量赋给同一故事；然后，使用 Gibbs Sampling 推断 LDA 模型的参数、事件的故事向量；最后，将事件赋给概率最高的故事。

3.4.2.2 故事主题归纳

故事主题归纳旨在从冗长文本中总结出简洁而又能较准确表达原文含义的一句话或一段话，即文本摘要生成。文本摘要主要包含抽取式摘要和生成式摘要方法，其中生成式摘要是通过理解原文的主要内容和结构，然后用自己的语言生成摘要的方法。抽取式摘要是通过提取共同表示原始内容中最重要或相关信息的句子来生成摘要的一种方法，TextRank 算法就是一种抽取式的无监督的文本摘要方法。

本节介绍一种基于 TextRank 的故事摘要生成方法，该方法基于 TextRank 方法提取情报中的短文本作为故事主题。首先，将故事中所有事件的情报文本进行分句和整合得到故事情报句子集合 A，并学习每个句子的词向量表示 V；然后，以句子为节点构建无向带权图，其中边的权重为句子间的余弦相似度；最后，使用 TextRank 算法计算句子的排名，并将排名最高的两个句子拼接作为故事摘要输出。故事摘要生成算法如表 2-10 所列。

表 3-10　故事摘要生成算法

输入：故事 $S = \{e_1, e_2, \cdots, e_n\}$，其中 $e_i = <r, t, y_i, L_i, A_i, I_i>$ 输出：故事摘要 theme

$A \leftarrow \varnothing$；
For $i = 1$ to n do
　　对 I_i 中的情报文本进行分句得到句子集合 A_i
　　$A = A \cup A_i$
End For
设 $A = \{a_1, a_2, \cdots, a_m\}$，学习句子的词向量表示得到 $V = \{v_1, v_2, \cdots, v_m\}$
$M \leftarrow$ 大小为 $m * m$ 的全 0 矩阵
For $j = 1$ to m do
　　For $k = 1$ to m do
计算余弦相似度 $M[j, k] = \cos(v_k, v_j)$
　　End For
End For
构建无向带权图 $G(A, M)$，其中 A 为句子节点集合，M 为连接边的权重矩阵
For $j = 1$ to m do
 	
$$\text{TR}(a_j) = \frac{1-d}{m} + d \left(\sum_{a_k \in \text{link}(a_j)} \frac{M[k, j]}{\sum_{a_i \in (a_k)} M[k, i]} \text{TR}(a_j) \right)$$
 	
拼接 top2 得分的句子得到故事摘要 theme
Return theme

第 **4** 章

目标行为变化检测分析

变化检测是通过在不同时间的观察来识别物体或现象状态的差异的过程[75]。如卫星图像和空中图像,可以提供丰富的信息来识别在一段时间内特定区域的土地利用和陆地覆盖差异。这在各种应用中都非常重要,如城市规划、环境监测、农业调查、灾害评估和地图修订。随着地球观测技术的持续发展,现在提供了具有高光谱空间-时间分辨率的巨额遥感(RS)数据,这为改变检测技术带来了新的要求,大大促进了其发展。为解决更改检测过程期间通过更精细的空间和光谱分辨率图像所带来的问题,提出了许多改变检测的方法。在这里,它们大致分为两类:传统的和基于人工智能(AI)的。图 4-1 显示了传统变化检测和基于 AI 的变化检测流程。

现有的变化检测审核主要集中在多时间超光谱图像(HSIS)和高空间分辨率图像中的变化检测技术的设计上。传统变化检测方法可以概括为以下几种。

(1)目视分析:通过手动解释获得变更图,这可以根据专家知识提供高度可靠的结果,但是耗时和降低了劳动密集型的效率。

(2)基于 Aalgebra 的方法:通过对多时间数据执行代数操作或转换来获得变化图,如图像差异、图像回归、图像比和改变向量分析。

(3)Transformation 方法:数据减少方法,如原理分析(PCA)、流苏帽(KT)、多变量改变检测(MAD)、Gramm-Schmidt(GS)和 Chi-Square,用于抑制相关信息和突出显示多时间数据方差。

(4)基于分类的方法:通过比较多个分类映射(分类后比较),或者使用训练分类器来直接对多个时段(多种分类或直接分类),直接对数据进行分类的更改。

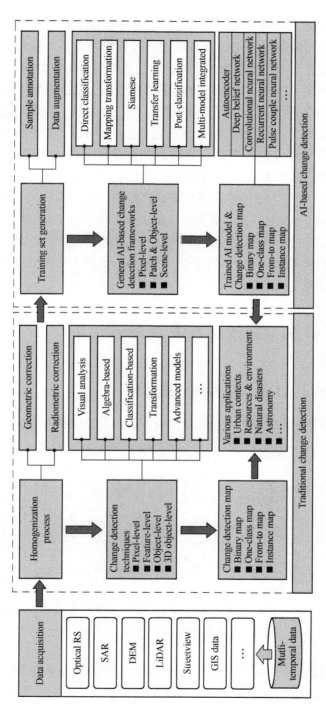

图 4-1　传统变化检测和基于 AI 的变化检测流程

高级模型：如 Li-Strahler 反射模型、光谱混合模型和生物物理学参数方法，用于将多个时期数据的光谱反射率值转换为物理基础的参数或分数以进行变化分析，这更直观，具有物理意义，但它是复杂且耗时的。

根据检测单元，这些方法也可以基于像素级别、特征级别、对象级别和三维（3D）对象级别分类。由于计算机技术的快速发展，传统变化检测方法的研究已经转向集成 AI 技术。在传统变化检测流程和基于 AI 的变化检测流程中，第一步是数据采集，变化检测的目的是获得各种应用的变化检测图；在准备数据之后，传统方法通常由两个步骤组成，包括均质化过程和变化检测过程，而基于 AI 的方法通常需要额外的训练集生成过程和用于改变检测的 AI 模型训练过程。显然，基于 AI 的方法的关键组成部分是 AI 技术。

AI 技术可以在各种数据处理任务中提供更好的性能。它可以定义为系统正确解释外部数据的能力，从这些数据中学习，并通过灵活的适应性来实现特定的目标和任务。

4.1 基于 AI 的变化检测方法

4.1.1 基于 AI 的变化检测实施过程

基于 AI 的变更检测的实现过程包括以下四个主要步骤，如图 4-2 所示。

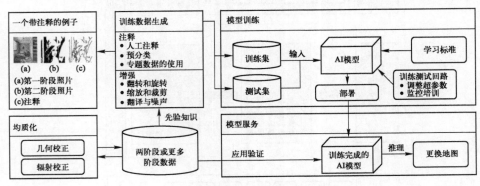

图 4-2 基于 AI 的变化检测实现过程

（1）均质化：由于照明和大气条件的差异，季节和传感器态度在采集时，通常需要在改变检测之前均化均质。几何和辐射矫正是两个常用的方法[76-77]。

前者旨在通过登记或共同登记来几何对准两个或更多个给定的数据。仅在两个时段数据中，只有当它们被覆盖时，相应位置之间的比较才会有意义[78]。后者旨在消除由传感器的数字化过程和由大气中的吸收和散射引起的大气衰减变形引起的辐射或反射差异，这有助于减少由这些辐射误差引起的变化检测误报。对于异构数据，可以设计特殊的 AI 模型结构以实现变化检测。

（2）训练集生成：要开发 AI 模型，需要一个大型高质量的培训集，可以帮助算法来了解某些模式或一系列结果具有给定的问题。使用某些技术（如手动注释[79]、使用主题数据[80]）来标记或注释多个时段数据（如手动注释[81]）以使 AI 模型简单地学习改变的特征对象。呈现了用于构建变化检测的注释示例，该示例由两个时段 RS 图像组成。基于地面真理，即先验知识，可以以监督方式培训 AI 模型。为减轻缺乏培训数据的问题，被广泛使用的数据增强是一种很好的策略，如水平或垂直翻转、旋转、尺度变化、作物、翻译或增加噪声，这可以显著提高多样性，可用于培训模型的数据，而无须实际收集新数据。

（3）模型训练：生成训练集后，通常可以根据样品或地理区域的数量分为两个数据集：用于 AI 模型训练和用于训练过程中准确性评估的测试集[82]。训练和测试过程是交替和迭代的。在训练过程中，该模型根据学习标准进行了优化，这可以是深度学习中的损失功能。通过监视训练过程和测试精度，可以获得 AI 模型的收敛状态，可以帮助调整其超参数（如学习率），也可以判断模型性能是否已达到最佳状态（终止）条件。

（4）模型服务：通过部署训练有素的 AI 模型，可以更智能地为实际应用程序生成更改映射。此外，这有助于验证模型的泛化能力和鲁棒性，也是评估基于 AI 的变化检测技术的实用性的重要方面。

上述步骤提供了基于 AI 的变化检测的一般实现过程，但 AI 模型的结构是多样的，并且需要根据不同的应用情况和训练数据进行充分的设计。本书中的 AI 模型侧重使用最多的深度学习方法。由于强大的建模和学习能力，深度学习方法可以尽可能地将图像对象与其现实世界地理特征之间的关系模拟，从而能够检测更实际的变化信息。

4.1.2　基于 AI 的变化检测主要框架

改变检测任务的输入是多时间数据，其在两个或更多个时段中是同质或异构数据。根据双时态数据的深度特征提取或潜在特征表示学习过程，可以概括基于 AI 的变化检测框架：单流框架、双流框架和多模型集成框架。

4.1.2.1 单流框架

对于基于 AI 的变化检测，有两种主要类型的单流框架结构，如图 4-3 所示，即直接分类结构和映射转换结构。

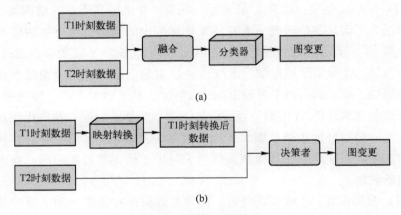

图 4-3 单流框架结构

它们通常只需要核心 AI 模型来实现变化检测，因此它们可以被视为单流结构。值得注意的是，在实践中，一些研究基于这些结构进行了改进，以满足特定的变化检测目的，并在下面给出详细的分析。

1. 直接分类结构

直接分类结构使用各种数据处理方法将两个或更多个数据熔断到中间数据中的两个或更多个数据，然后使用单个 AI 的分类器来执行特征学习并实现融合数据的两个或多个分类。也就是说，如图 4-4（a）所示，该结构将变化检测任务转换为分类任务，也称为一些文献中的双通道结构。其两个关键研究问题是数据融合方法和基于 AI 的分类器的选择。

为了从多个时段数据获取融合数据，两个最常见的方法是使用变化分析方法和直接级联方法。变化分析方法，例如按日志比运算符的差异或改变措施，可以直接提供多模型数据中的变化强度信息（差异数据），可以突出显示更改信息并促进变更检测。直接级联方法可以保留多个时段数据的所有信息，变化信息由后续的分类器提取。通常，一维输入数据直接连接，二维数据通过通道连接。此外，原始数据的融合和差异数据[83]是另一个好的策略，可以在突出显示差异信息的同时保持所有信息。

分类器使用 AI 技术将融合数据分为两种类型（改变或不变）或多种类型（不同类型的更改）。其性能和相关训练数据是最终获得满意变化地图的关键。

2. 映射转换的结构

基于映射转换的框架结构通常用于检测不同域或异构数据的变化。其主要思想是使用 AI 方法来学习特征映射转换，并使用它在一种数据上执行功能转换，如图 4-4（b）所示。转换的特征对应于另一种数据的特征。简而言之，它将数据从一个要素空间转换为另一个特征空间。最后，通过对两种数据的相应特征执行决策进行分析，可以获得更改图。在文献［78］中，映射神经网络（MNN）被设计为学习多空间分辨率数据之间的映射函数，然后实现特征相似性分析以构建变化图。该方法还实现了 SAR 和光学图像之间的变化检测。使用 ANN 实现相对辐射归一化，然后在相同的辐射条件下检测两个周期数据的变化。此外，根据该映射变换的思想，已经提出了几种改进的结构，用于检测异构数据的变化或不同的域数据。

4.1.2.2 双流框架

由于变化检测任务通常基于两个数据句点，即两个输入，双流框架结构用于变化检测非常常见，并且可以汇总为三种类型，即暹罗结构、基于转移学习的结构和分类后结构，如图 4-4 所示。

1. 暹罗结构

如图 4-4（a）所示，暹罗结构通常由两个具有相同结构的子网组成，即特征提取器，其将输入的两个时段数据转换为特征映射。最后，通过使用变更分析（决策者）获得更改图。这种结构的主要优点是其两个子网直接培训，同时学习输入的两期数据的深度特征。

根据子网的重量共享与否，可以分为纯暹罗结构和伪暹罗结构。其主要区别在于：前者子网通过共享权重提取两条数据的共同特征；后者来自子网提取，分别具有相应的输入数据，导致可训练参数和复杂性的数量增加，而且在其灵活性中增加。同样地，作者设计了一个三维网络，其由三个子网组成，其中具有共享重量进行变化检测。

虽然这种结构使特征提取器能够通过标记样本的监督培训直接学习深度特征，但无监督的培训更具挑战性。一个共同的解决方案是以无监督的方式单独训练特征提取器。这些预先训练的特征提取器提供了用于进一步改变检

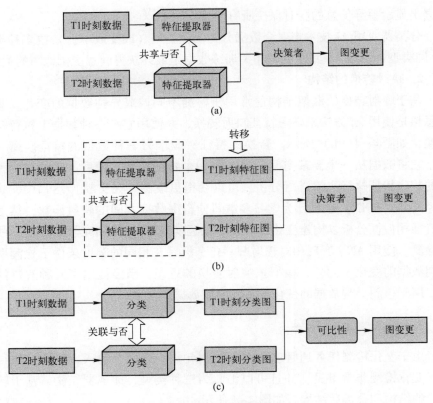

图4-4　变化检测双流结构

测的原始数据（特征映射）的潜在表示。为生成更改映射，两个时段中的输出特征映射可以通过通道的串联直接分类，或者可以用于使用一定距离度量产生差异图，然后用于进一步改变分析。为保留多尺度更改信息，可以连接不同深度的特征映射，以便更改检测，这样做的效果很好。

2. 基于转移学习的结构

基于转移学习的结构，减少了缺乏培训的样本并优化了培训过程。传输学习在一个域中使用培训来实现另一个域中的更好结果，具体而言，在原始域中学习到的 MIDlevel 特征可以被传输为新域中的有用功能。作为特征提取器预先训练的 AI 模型，用于生成两个时段的特征映射，并且两个时段的特征提取器可以是相同的，如图 4-4（b）所示。预先训练的模型是否可以正确提取输入数据的深度特征图或潜在特征表示，以确定改变检测任务的性能。

转移学习的结构通常具有两个训练阶段，即深度特征学习阶段和微调阶段。在深度特征学习阶段，通常监督 AI 模型，预先培训，在其他域数据中具有足够的标记样本。微调阶段是可选的，在此阶段，微调或附加分类器训练需要少量标记的样品。因此，可以通过训练的分类器直接获得变化图。在没有微调的情况下，可以基于使用变化分祈的两个周期特征映射获得最终变化映射，如低秩分析、CVA、聚类和阈值。这意味着进一步培训不需要更多标记的样品。此外，基于转移学习的结构，训练有素的 AI 模型也可用于产生训练样本或掩模以实现无监督的方案，这是一个非常实际的策略。

4.1.2.3 多模型集成框架

多模型集成框架集成了多种 AI 模型，可以提高变化检测方法的性能。考虑到大量和复杂的结构，只概述了代表性结构，如图 4-5 所示。

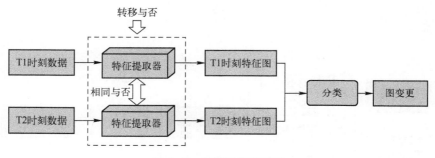

图 4-5 多模型集成框架

多模型集成框架是混合结构，其类似于双流框架，但包含更多类型的 AI 模型，也可以在多个阶段培训。变化检测是一种时空分析，并且可以通过基于 AI 的特征提取器获取空间光谱特征来实现，然后通过作为时间模块的基于 AI 的分类器来建立时间依赖性的时间依赖性。此外，这种混合结构能巧妙地用于无监督变化检测和物体级变化检测，这使整个变化检测过程在提高性能时更复杂。下面介绍变化检测框架中的无监督计划。

基于 AI 的变化检测框架通常包括特征提取器或分类器，需要监督和无监督的培训。由于获得了大量标记的监督培训样本，通常是耗时和劳动密集型的，因此已经努力以无监督或半监督的方式实现基于 AI 的变化检测。转移学习可以减少甚至消除对训练样本的需要，但这些不是纯粹的无监督计划，因为需要来自其他域的样品。此外，最常用的无监督方案是使用更改分析方法和采样选择策略来选择绝对变化或/和不变作为 AI 模型的训练样本。其流程图如图 4-6 (a) 所示。

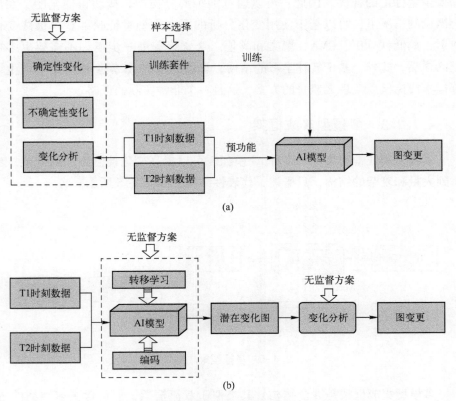

图 4-6 无监督的更改检测流程

可以看出，该方案中有两个变化检测阶段。第一阶段，即预分散，通常是简单的，但值得学习，并且大多数是无监督的方法，可以使用差异分析法和聚类法，如 K-means、模糊 C-means （FCM）、空间 FCM 或分级 FCM。在获得高置信度或/和不变的样本之后，可以监督方式培训 AI 模型，以便在第二阶段改变检测。此外，另一个常用的无监督方案基于潜在的变化图，如图 4-6 (b) 所示。除通过转移学习获得的预先训练的模型之外，它还可以由无监督的 AI 模型 （如 AES） 生成，然后通过使用聚类算法生成最终变化图。

4.2　基于图像的目标变化检测

4.2.1　基于 STANet 的图像变化检测方法

STANet 图像变化检测模型是一种基于孪生网络的时空注意神经网络。与以往方法不同的是，它利用时空依赖性，设计了一种自注意力机制来对时空关系进行建模，在特征提取过程中增加了一个自注意力模块。模型的自我注意模块计算任意两个像素在不同时间和位置之间的注意权重，并使用它们来生成更具区别性的特征。由于目标可能会有不同的尺度，模型将图像分割成多尺度的子区域，并在每个子区域引入自注意，这样就可以在不同尺度捕获时空依赖性，从而生成更好的表示，以适应各种大小的对象。

大多数基于机器学习的变化检测方法都包括单元分析和变化识别两步。单元分析是分析单元的原数据的特征，分析单元可以分为图像像素和图像物体两大类；变化识别使用手工或学习到的规则来计算特征差图，并使用阈值分割得到不同的变化区域。

基于深度学习的变化检测方法主要可以分为两类：基于度量的方法和基于分类的方法。基于度量的方法通过对比图像之间参数化的距离来决定是否发生变化。每一对点之间的特征的度量表示是否发生了变化。基于分类的方法通过对提取到的图像特征进行分类，从而识别变化的类别。STANet 属于基于度量的方法。

STANet 有两种自注意力模块：一是基本的时空注意力模块 BAM，二是金字塔时空注意力模块 PAM。BAM 可整合任意两个位置之间的时空独立性注意力权重，并通过时空中所有位置特征的加权和来计算每个位置的响应。PAM 将 BAM 嵌入得到一个金字塔结构以产生多尺度的注意力表示（图 4-7）。

如图 4-7 所示是 STANet 的结构示意，图中的 $C \times H \times W$ 中 C 是通道数，H 和 W 是特征图的高和宽。

STANet 包括特征提取器、时空注意力模块、度量模块三部分。首先，两张图像被加入两个特征提取器中获得两个特征图 $X^{(1)}$ 和 X^2，经过注意力模块的处理后得到两张注意力特征图 $Z^{(1)}$ 和 $Z^{(2)}$，在将注意力特征图重新调整到输入图像大小之后，度量模块会计算两个注意力特征图每个像素对之间的距离，

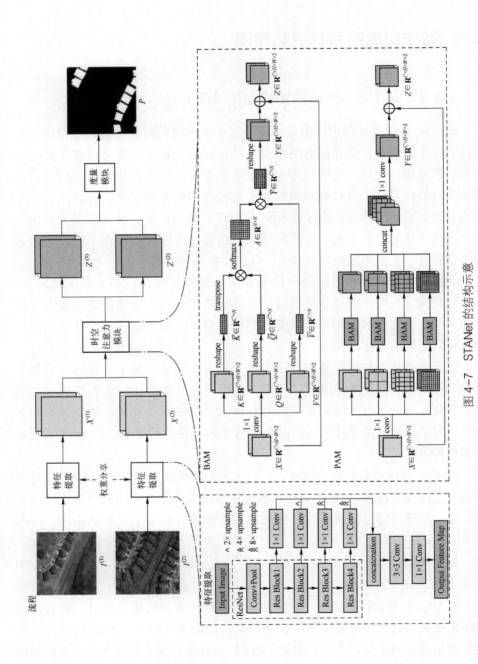

图 4-7 STANet 的结构示意

并产生一个距离图 D，然后通过简单的阈值法得到最终的变化标签图 P。

特征提取器中用到了 ResNet-18，因为 ResNet 是用来进行图像分类任务的，而变化检测是密集分类任务，所以省略了 ResNet 中的全局池化层和全连接层。

在 BAM 中，特征图 X 首先通过三个不同的 1×1 的卷积层得到三个特征向量 Q、K、V，分别表示查询、键和值。然后对其 reshape 得到矩阵 $\overline{Q}, \overline{K}, \overline{V}$，使用转置后的 $\overline{K}$ 和 $\overline{Q}$ 进行矩阵乘法，并使用 softmax 计算一个相似矩阵 A，该相似矩阵与 $\overline{V}$ 进行矩阵乘法得到输出矩阵 $\overline{Y}$，对其进行 reshape 得到注意力 Y，Y 与 X 进行像素级乘法得到最终的注意力特征图 Z。

而 PAM 有 4 个分支，每个分支将特征图 X 分成了不同大小的子区域，并在每个子区域中应用 BAM，每个分支的输出拼接起来和输入大小相同，将 4 个分支的输出 concate 起来并用 1×1 的卷积层进行处理得到注意力 Y，Y 与 X 进行像素级乘法得到最终的注意力特征图 Z。

度量模块首先将特征图使用双线性插值 resize，输入相同的大小，然后计算两个特征图之间像素级的欧氏距离图 D，在训练阶段，用其来计算损失值，在测试阶段使用一个固定的阈值方法进行分割。

STANet 设计了一个批量平衡对比损失（BCL），利用批次权重对原始对比损失的类权重进行修正，其定义如式（4.1）所示：

$$L(D^*, M^*) = \frac{1}{2} \frac{1}{n_u} \sum_{b,i,j} (1 - M^*_{b,i,j}) D^*_{b,i,j} + \frac{1}{2} \frac{1}{n_c} \sum_{b,i,j} M^*_{b,i,j} \mathrm{Max}(0, m - D^*_{b,i,j})$$

$$(4.1)$$

式中：M^* 为二值标签图的一个批次；b、i 和 j 为批次的下标、高度、宽度；m 为间隔；n_u、n_c 为未变化和变化了的像素对的个数，其计算公式如下所示：

$$n_u = \sum_{b,i,j} (1 - M^*_{b,i,j}) \tag{4.2}$$

$$n_c = \sum_{b,i,j} M^*_{b,i,j} \tag{4.3}$$

4.2.2　基于自编码网络的半监督图像异常检测

图像异常检测的任务是从样本级和像素级的角度去检测出异常样本和异常区域，在医学、工业等领域，图像的精确标注需要相关专业人士来完成，耗费大量的人力物力，半监督学习方法降低了对图像精确标注的要求，在训练过程中不需要像素级的标签，只需要由正常样本组成的数据集。自编码网络是一种以无监督方式学习样本潜在空间表征的网络模型，令输出和输入尽可能相近作为约束，由此可以学习到输入样本的重要表征同时有着很好的重建效果。基于上述分析，我们可以利用自编码网络以半监督的学习方式来对图像进行异常检测。首先，我们仅利用正常样本作为训练集，将训练样本图像输入自编码网络中，在损失函数中对输出图像加以约束，令输出图像尽可能接近输入图像，经过训练，自编码网络提取到了可以表征正常图像的关键信息，并且可以很好地重建正常图像。在测试阶段，正常图像输入网络中会被较好地重建，我们计算样本和每个像素点的重建误差，然后根据阈值判定样本以及像素点是否异常。

自编码网络可以提取图像的特征，并根据提取的特征来重建输入图像，对应编码和解码过程。对于异常检测问题，从样本级的角度可以看作不平衡的二分类问题，即区分占多数的正常样本和少数的异常样本。异常检测问题中的半监督学习方式是指在模型训练过程中训练数据集只有正常样本，而无异常样本，也无带有异常像素级标注的异常样本。基于自编码网络的半监督图像异常检测框架是将正常样本图像输入自编码网络中，训练网络重建输入的正常图像，使其对正常图像有着较好的压缩重建能力。在模型测试过程中，由于网络在训练过程中没有压缩重建过异常图像，其对异常图像的特征提取以及重建能力相对较差。具体地，其重建图像会更加接近该异常图像对应的不包含该异常区域的正常图像，因此有着较大的重建误差，我们利用该误差来划分异常图像以及异常区域。以上是利用自编码网络检测图像异常的基本思路，其示意图如图 4-8 所示。该框架训练自编码网络使其最小化输出图像以及输入图像的差值，测试过程中将测试图像输入自编码网络中，将网络的输出图像与输入图像做差，再经过预处理得到最后的差值图像，该差值图像为判定样本是否异常的重要依据。

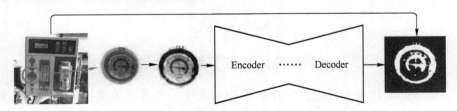

图 4-8　基于原图重建的自编码网络半监督图像异常检测框架

通过对该框架的分析，我们发现由于重建误差作为判别正常样本和异常样本的唯一要素，正常样本的重建误差需要和异常样本的重建误差要尽可能的有较大差距，才能使该框架发挥更好的检测效果。基于原图的重建策略通过最小化输出图像和输入图像之间的误差来约束模型参数，学习输入图像的潜层特征表示。但该种策略不能保证提取到图像的本质特征，因为最小化输入图像和输出图像之间的误差使网络学到的仅是对输入图像的复制，而未学到更关键的图像特征，进而在对异常图像进行重建时，自编码网络可能将其很好地重建，那么对重建误差通过阈值区分正常样本和异常样本的方式将失效，最后模型无法检测出真正的异常样本。因此，相较于基于原图重建的自编码网络半监督异常检测方法，我们引入了基于输入图像处理的重建策略，受稀疏自编码网络（DAE）的启发，我们对输入图像进行一定的处理操作，使自编码网络在重建过程中可以学习到更有代表性的特征表达，该种策略下的自编码网络半监督图像异常检测框架如图 4-9 所示。

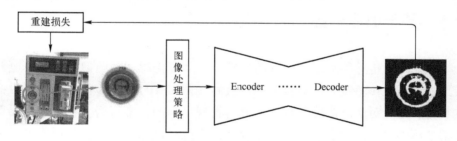

图 4-9　其他重建策略下的自编码网络半监督图像异常检测框架

在该框架图中，相比原图重建策略，原始图像不再直接作为自编码网络中的输入，而是经过一个图像处理模块，经过处理后的原始图像作为最终的输入被传入重建网络中。图像处理模块对原始图像的操作可以是某种图像处理方法也可以是某种神经网络模型。在自编码网络训练过程中，令网络的输出图片尽可能地接近原始图像，可以通过上一小节中阐述的均方误差等损失函数来约束模型参数。在模型测试过程中，测试图片可以先经过图像处理模块，然后再输入自编码重建网络中得到重建图像，将重建图像与原始图像间的差值图像预处理后作为样本级异常和像素级异常的判定依据，也可以直接将原始测试图像直接输入训练好的自编码模型中。在训练过程中采用了相应的重建策略，模型可以提取到更重要的图像特征，并用其重建图像，因此其对正常图像可以更好地重建，对于异常图像，其可以对应正常的纹理填补图像异常区域。

当训练好的模型进行异常检测时，我们首先得到测试图像对应的差值图像，即重建图像与输入图像间逐像素点间计算 l_2 范数，得到对应差值图像上的像素值。由于会有重建误差以及图像噪声的影响，差值图像上存在较小范围的具有高像素值的点，其通常不是异常区域，后面的章节中我们将介绍如何利用连通区域像素点的个数来对差值图像上的该种噪声点进行预处理。预处理后的差值图像作为该测试图像是否为异常的判定依据，我们取处理后差值图像中像素值的平均值作为整个图像的异常打分，利用阈值来判定该图像是否异常，同时像素级的阈值可以帮助判定像素点是否为异常像素点，超过该阈值的则判定为异常像素点，因此该框架可以给出异常图像中的异常区域。以上是利用基于自编码网络的半监督图像异常检测框架训练模型以及检测异常的过程。

4.3　基于时序数据的目标异常变化检测

采用多源传感器网络（如震动传感器、声音传感器、图像传感器、电磁传感器、微波传感器等）对目标进行监测（图 4-10），能够很好地识别目标的行为，通过对多源传感器数据的分析发现目标的异常行为。各个传感器都能够监测到目标的信号，形成时序数据，因此对目标行为的监测形成多变量时序数据（每个传感器都可以构成单变量时序数据）。对目标异常变化的检测主要是通过时序数据发现目标在某个时刻或时间段的行为异常。因此，对目标异常变化的监测问题就转换成多变量时序数据中的异常检测问题，多变量时序数据异常检测问题是指在多个时间序列中，寻找与预期模式不符或存在潜在问题的数据点，即异常点。

随着数据采集技术的发展以及可利用数据规模的扩大，多变量时序数据的研究价值日渐提升，因为异常很可能通过时间维度的变化而被检测出来，在以往的时序数据异常检测中，很多研究都是围绕时间维度进行挖掘的，例如，图 4-11 展示了 SWaT 的部分数据集，可以明显看出 2 个异常，即图中的阴影区域。当异常发生时，并不是 1 个变量的示数会发生异常，而是多个变量在相同时间内均发生异常，具有时间上的相互依赖性。

但是传统的方法在对多变量时序数据进行异常检测时，容易忽视数据的时间信息和特征之间的关联，使检测的精度大大降低；而传统的循环神经网

图 4-10　多源传感器监测目标的示例（图片来源互联网）

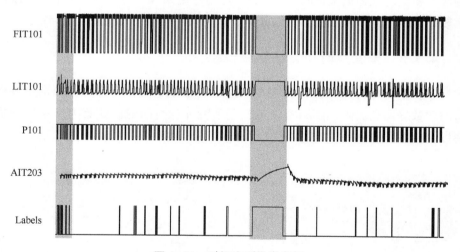

图 4-11　时间序列异常实例

络只关注前序的数据对当前时刻数据的影响，也不会挖掘不同变量之间的相互依赖关系；传统的图神经网络在建立模型时会考虑不同变量之间的关系，不同的传感器有着非常不同的行为。例如，一个传感器用来测量水压，另一个传感器来测量流量，并不能用相同的模型参数进行刻画，并且 GNN 只关注不同变量之间的相互影响关系，忽略了时间维度上的信息，因此，本书提出一种基于图注意力网络的多变量时序数据的异常检测模型 MAD-GAT，同时捕获特征和时间两个维度上的数据关系。

4.3.1 数学描述

多变量时序数据 $X=\{x(t)\}$，$t \in T$ 代表在时间点 t 收集到的数据组成的向量 $x(t)=(x(t)_1, x(t)_2, \cdots, x(t)_N)$ 的集合，其中 $x(t)_i \in R, i \in \{1,2,\cdots,N\}$，$N$ 代表传感器的数量，也代表维度大小。在每个时刻 t，用当前时刻数据对应的标签 $y(t)$ 来表示数据是否异常，其中 $y(t) \in \{0,1\}$，其中 0 表示当前数据正常，1 表示当前数据异常。与此同时，对于一个长时间序列，我们采用了长度大小为 w 的滑动窗口生成固定长度的输入，结合 t 时刻的前序数据对当前时刻 t 的数据进行表征，在 t 时刻的输入数据为 $X(t)=[x(t-w), x(t-w+1), \cdots, x(t-1)]$，同时在时刻 t，对应的标签 $y(t)$ 来表示当前时刻的数据是否异常，其中 $y(t) \in \{0,1\}$，其中 0 表示当前数据正常，1 表示当前数据异常。时间序列异常检测就是将模型预测结果 $X(t)'$ 与实际结果 $X(t)$ 的差距与阈值 σ 进行比较，如果预测结果与实际结果之间的差距大于阈值，则被判定为异常。

4.3.2 多变量时序异常检测模型

多变量时序异常检测模型 MAD-GAT 的框架包含四个部分，分别是多变量时序数据向量嵌入、图结构学习、基于特征和时间的图注意力网络模型搭建以及模型预测误差，如图 4-12 所示。

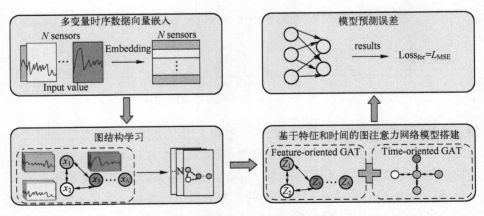

图 4-12 MAD-GAT 模型结构示意图

1. 特征维度模型构建

（1）特征数据向量嵌入：在复杂系统中利用传感器收集多变量时序数据，不同的传感器有不同的特性，一个系统中通常含有若干个不同类型的传感器，不同类型的传感器收集到的数据类型也不同，数据的范围也存在较大的差异，这些传感器以一种复杂的方式进行联系，具有一定的相关性。比如在水处理系统中，有测量水压的传感器也有测量水位和水质的传感器，水位越高水压越大存在正相关，但是水位和水质无关联。我们希望能够以一种动态灵活的方式表示每个传感器变量，以多维的方式捕捉特征之间的关系。我们为每个特征设定了一个单独的表征向量：

$$v_i \in R^d, \quad i \in \{1, 2, \cdots, N\} \tag{4.4}$$

d 为所设定的表征向量的维度，这些嵌入向量是随机初始化的，然后和模型的其余部分一起进行训练得到具体的值。在模型中，这些嵌入向量用于图结构学习，确定特征彼此之间的关系。

（2）图结构学习：接下来以图的形式学习特征之间的关系，图神经网络的输入是具有图形结构的数据，在构建过程中我们使用了有向图，其节点表示特征，其边表示特征之间的关系，用邻接矩阵 A 来表示特征之间的依赖关系。传统的图神经网络的输入是全连接图，但是这种方式会加大模型的计算量，不利于捕获特征之间的具体关系，因此我们首先计算出了不同节点之间的余弦相似度，根据相似度来构建有向图，为了查找出与节点 i 有依赖关系的其他节点，我们进行了余弦相似度计算，公式如下：

$$e_{ji} = f(v_i, v_j) = \frac{v_i^{\mathrm{T}} v_j}{\|v_i\| \cdot \|v_j\|} \tag{4.5}$$

余弦相似度通过测量两个向量 v_i 和 v_j 的夹角余弦值来度量二者之间的相似性，如果两个向量有着相同的指向，余弦相似度为 1，两个向量方向完全不同时，余弦相似度的值为 -1，余弦相似性最常用于高维正空间。本书采用归一化的向量内积作为相似性度量。

在所有的节点都完成了相似度计算之后，选择与节点 i 相似度最大的 K 个节点 j，K 的值可以根据所需的稀疏程度进行选择，在选择完成之后，将节点 i 与节点 j 相连，对应新的邻接矩阵 A 中 i 所在的列，公式如下：

$$A_{ji} = 1\{j \in \mathrm{Top}K(e_{ki}, k \in \{1, 2, \cdots, N\})\} \tag{4.6}$$

通过计算可以得出邻接矩阵，但是当具有先验知识时，邻接矩阵也可以直接被指定。

基于特征维度的图注意力网络搭建：在将 N 个传感器的关系通过邻接矩阵进行构建后，以学习到的图结构作为基础，应用图注意力网络进行学习，将节点的信息与其相邻节点进行融合。给定一个训练数据集 $X \in R_{N \times T}$，其中 N 为数据维度，T 为训练集时间戳的个数，为了有效地从长时间序列 X 中进行学习，我们应用了窗口大小为 w，步长为 s 的滑动窗口来将训练集多元时间序列划分为一组多元子序列 $X = \{x_i, i = 1, 2, \cdots, n\} \in R_{w \times N}, n = \dfrac{T - w}{s}$，$t$ 时刻模型的输入为 $X(t) = [x(t-w), x(t-w+1), \cdots, x(t-1)]$，模型的目标输出为当前时刻特征的预测值 X'。

可以得到特征 i 在 t 时刻的新的表征，公式如下：

$$z_i^{(t)} = \text{ReLU}\left(\alpha_{i,i} W^{x_i^{(t)}} + \sum_{j \in N(i)} \alpha_{i,j} W^{x_j^{(t)}}\right) \tag{4.7}$$

式中：$W \in R_{d \times w}$ 为通过训练得到的权重矩阵；$R(i) = \{j \mid A_{ji} > 0\}$ 为由学习邻接矩阵 A 得到的节点 i 的邻居节点构成的集合。而其中的注意力系数 $\alpha_{i,j}$ 是通过下面的公式计算而来的。

$$p_i^{(t)} = v_i \oplus W^{x_i^{(t)}} \tag{4.8}$$

$$b_{ij} = \text{LeakyReLU}\left(a^{\text{T}}(p_i^{(t)} \oplus p_j^{(t)})\right) \tag{4.9}$$

$$a_{i,j} = \frac{\exp(b_{ij})}{\sum_{k \in N(i) \cup \{i\}} \exp(b_{ij})} \tag{4.10}$$

式中：$p^{(t)}$ 为嵌入向量 v_i 与 $x^{(t)}$ 变换后的特征 $Wx^{(t)}$ 连接起来；$\oplus$ 为拼接操作。使用 LeakyReLU 作为非线性激活来计算注意系数，LeakyReLU 函数是一种专门解决 Dead ReLU 问题的激活函数，能够通过将 x 中非常小的线性分量给予负输入 $0.01x$ 来调整负值的零梯度问题，公式如下：

$$\text{LeakyReLU}(X) = \begin{cases} x = x \geqslant 0 \\ \alpha x = x < 0 \end{cases} \tag{4.11}$$

最后使用 softmax 函数对注意力系数进行归一化处理。

至此我们获得了每个节点的表征 $[v_1, v_2, \cdots, v_N]$，并且通过特征提取器获得了每个特征的隐性表征 $[z_1^{(t)}, z_2^{(t)}, \cdots, z_N^{(t)}]$。将两者按照元素相乘，并且将所有节点的堆叠结果作为全连接层的输入，输出的维度为 N，基于特征部分的模型预测误差如下：

$$\hat{x}_{\text{var}}^{(t)} = f_{(\theta)}\left([v_1 \cdot z_1^{(t)}, \cdots, v_N \cdot z_N^{(t)}]\right) \tag{4.12}$$

基于特征部分的模型预测误差：$\hat{x}_{\text{var}}^{(t)}$ 为模型的预测输出，我们使用预测输出与真实数据之间的均方误差作为损失函数，公式如下：

$$\text{MSE}_{\text{var}} = \frac{1}{T - \omega} \sum_{t=\omega+1}^{T} \| \hat{x}_{\text{var}}^{(t)} - x_{\text{var}}^{(t)} \|_2^2 \tag{4.13}$$

2. 时间维度模型构建

以上部分是构建基于特征维度的图注意力网络，接下来的部分是构建基于时间维度的图注意力网络。

（1）时间数据向量嵌入：我们通过图注意力网络来捕捉时间序列中的时间依赖性，将滑动窗口中的时间戳视为一个完整的图。与特征维度相同，我们利用向量嵌入为滑动窗口每个时刻设定了一个单独的表征变量。

$$\boldsymbol{u}_i \in R^d, \quad i \in \{1, 2, \cdots, w\} \tag{4.14}$$

（2）图结构学习：这些嵌入是随机初始化的，然后和模型的其余部分一起进行训练得到最终的具体值。接着计算不同时刻的表征之间的相似性，具体的公式如下：

$$e_{ij}' = f(\boldsymbol{u}_i, \boldsymbol{u}_j) = \frac{\boldsymbol{u}_i^{\text{T}} \boldsymbol{u}_j}{\|\boldsymbol{u}_i\| \cdot \|\boldsymbol{u}_j\|} \tag{4.15}$$

在不同时刻两两之间完成了相似度计算之后，针对每个时刻的数据 i 选择与相似度最大的 K 个节点 j，K 的值可以根据所需的稀疏程度进行选择，在选择完成之后，将节点 i 与节点 j 相连，对应新的邻接矩阵 $\boldsymbol{A}'$ 中 i 所在的列，公式如下：

$$\boldsymbol{A}_{ji}' = 1\{j \in \text{Top}K(e_{ki}', k \in \{1, 2, \cdots, w\})\} \tag{4.16}$$

通过计算可以得出邻接矩阵，虽然在理论上邻接矩阵可以由用户进行指定，但在现实中不同时刻之间的先验关系难以获取，因此无法通过获取先验知识的方式提升模型的精度。

基于时间维度的图注意力网络搭建：t 时刻模型的输入为 $X(t) = [x(t-w), x(t-w+1), \cdots, x(t-1)]$，在通过图注意力网络的学习之后，可以得到时刻 i 在 t 时刻的新的表征，公式如下：

$$z_i^{(t)'} = \text{ReLU}\left(\alpha_{i,i}' \boldsymbol{W}'^{x_i^{(t)}} + \sum_{j \in N(i)} \alpha_{i,j}' \boldsymbol{W}'^{x_j^{(t)}}\right) \tag{4.17}$$

注意力系数的计算公式如下：

$$\boldsymbol{q}_i^{(t)} = \boldsymbol{u}_i \bigoplus \boldsymbol{W}'^{x^{(i)}} \tag{4.18}$$

$$c_{ij} = \text{LeakyReLU}(\boldsymbol{a}^{\text{T}}(\boldsymbol{q}^{(i)} \bigoplus \boldsymbol{q}^{(j)})) \tag{4.19}$$

$$\alpha_{i,j}' = \frac{\exp(c_{ij})}{\sum_{k \in \mathcal{N}(i) \cup \{i\}} \exp c_{ij}} \tag{4.20}$$

我们获得了 t 时刻下窗口中各个时刻位置的新表征 $[z_1^{(t)\prime}, z_2^{(t)\prime}, \cdots, z_\omega^{(t)\prime}]$，以及通过与图神经网络学习到的表征 $[u_1, u_2, \cdots, u_\omega]$。将两者按照元素相乘，并且所有节点的堆叠结果作为全连接层的输入，输出的维度为 N，公式如下：

$$\hat{x}_{\text{time}}^{(t)} = f_{(\theta)}([u_1 \cdot z_1^{(t)\prime}, \cdots, u_N \cdot z_N^{(t)\prime}]) \tag{4.21}$$

基于时间部分的模型预测误差：$\hat{x}_{\text{time}}^{(t)}$ 为模型的预测输出，我们使出预测输出与真实数据之间的均方差作为损失函数，公式如下：

$$\text{MSE}_{\text{time}} = \frac{1}{T - \omega} \sum_{t = \omega+1}^{T} \| \hat{x}_{\text{time}}^{(t)} - x_{\text{time}}^{(t)} \|_2^2 \tag{4.22}$$

将特征维度和时间两个维度的误差相结合，具体公式如下：

$$\text{MSE} = \gamma \cdot \text{MSE}_{\text{var}} + (1-\gamma) \cdot \text{MSE}_{\text{time}} \tag{4.23}$$

式中：γ 为阈值参数。

在特征维度和时间维度上分别获得了两个不同的预测结果 $\hat{x}_{\text{var}}^{(t)}$ 和 $\hat{x}_{\text{time}}^{(t)}$，需要将两者进行加权求和以得出最终的预测结果，最终的结果 $\hat{x}^{(t)}$ 计算结果如下：

$$\hat{x}^{(t)} = \varphi \cdot \hat{x}_{\text{var}}^{(t)} + (1-\varphi) \cdot \hat{x}_{\text{time}}^{(t)} \tag{4.24}$$

式中：φ 为超参数。

在搭建完成模型之后，使用 MAD-GAT 模型对多变量时序数据进行异常检测的训练过程主要包括以下四个部分。

（1）前馈计算：对于给定的图数据，首先需要进行前馈计算，即将节点的特征向量作为输入，通过多层注意力机制来获取每个节点的表示向量。具体而言，设输入的数据特征为 $X \in R_{n \times f}$，其中 n 表示数据样本的数量，f 表示每个样本的特征维度，邻接矩阵 $A \in R_{n \times n}$，则 MAD-GAT 模型的前馈计算公式可以表示为

$$H^{(l)} = \sigma(\hat{D}^{-\frac{1}{2}} \hat{A} \hat{D}^{-\frac{1}{2}} H^{(l-1)} W^{(l)}) \tag{4.25}$$

式中：$H^{(0)} = X$，$H^{(l)}$ 为 MAD-GAT 节点的表征向量；$\sigma(\cdot)$ 为激活函数；$\hat{A} = A + I_n$ 为增加自环后的邻接矩阵；$\hat{D}$ 为 $\hat{A}$ 对角线元素的对角矩阵；$W^{(l)}$ 为第 l 层的权重矩阵。

对于时序数据异常检测任务，常用的损失函数包括均方误差（MSE）和重构误差（RE）。以 MSE 为例，设网络输出的节点表征矩阵为 $Z \in R_{n \times d}$，其中 d 表示节点表征向量的维度，真实标签为 $Y \in R_{n \times m}$，则损失函数可以表示为

$$L = \frac{1}{nm} \sum_{i=1}^{n} \sum_{j=1}^{m} (\boldsymbol{Y}_{ij} - \boldsymbol{Z}_{ij})^2 \tag{4.26}$$

通过链式法则，我们可以得到损失函数对任意一个参数 θ 的梯度：

$$\frac{\partial L}{\partial \theta} = \frac{\partial L}{\partial \boldsymbol{Z}} \cdot \frac{\partial \boldsymbol{Z}}{\partial \theta} \tag{4.27}$$

式中：$\dfrac{\partial L}{\partial \boldsymbol{Z}}$ 为损失函数对节点表征矩阵的梯度，即

$$\frac{\partial L}{\partial \boldsymbol{Z}} = -\frac{2}{nm} (\boldsymbol{Y} - \boldsymbol{Z}) \tag{4.28}$$

式中：$\dfrac{\partial \boldsymbol{Z}}{\partial \theta}$ 为节点表征矩阵 $\boldsymbol{Z}$ 对参数 θ 的梯度，$\boldsymbol{Z}$ 是通过前馈计算得到的，因此可以使用链式法则进行求导：

$$\frac{\partial \boldsymbol{Z}}{\partial \theta} = \frac{\partial \boldsymbol{Z}}{\partial \boldsymbol{H}^{(L)}} \cdot \frac{\partial \boldsymbol{H}^{(L)}}{\partial \boldsymbol{H}^{(L-1)}} \cdots \frac{\partial \boldsymbol{H}^{(2)}}{\partial \boldsymbol{H}^{(1)}} \cdot \frac{\partial \boldsymbol{H}^{(1)}}{\partial \theta} \tag{4.29}$$

式中：$\boldsymbol{H}^{(L)}$ 为最终的节点表征矩阵；$\dfrac{\partial \boldsymbol{Z}}{\partial \boldsymbol{H}^{(L)}}$ 可以通过损失函数对节点表征矩阵的梯度 $\dfrac{\partial L}{\partial \boldsymbol{Z}}$ 和 $\boldsymbol{H}^{(L)}$ 对 $\boldsymbol{Z}$ 的导数 $\dfrac{\partial \boldsymbol{Z}}{\partial \boldsymbol{H}^{(L)}}$ 相乘得到；$\dfrac{\partial \boldsymbol{H}^{(L)}}{\partial \boldsymbol{H}^{(L-1)}}$ 为 MAD-GAT 模型中第一层节点表征向量对上一层节点表征向量的导数，可以通过 MAD-GAT 前馈计算公式求解；$\dfrac{\partial \boldsymbol{H}^{(1)}}{\partial \theta}$ 为第一层节点表征向量对参数 θ 的梯度，可以通过输入数据 X 和参数 θ 计算得到。

（2）后馈更新：在前馈计算之后，在参数更新过程中，使用梯度下降法或其变种方法来更新模型参数。具体地，设学习率 η，则更新参数更新公式可以表示为

$$\theta^{(t+1)} = \theta^{(t)} - \eta \frac{\partial L}{\partial \theta} \tag{4.30}$$

式中：$\theta^{(t)}$ 为第 t 次迭代时的参数值。

（3）重复迭代：通过重复进行前馈计算、反向传播和参数更新等步骤，可以不断优化 MAD-GAT 模型的参数，从而提高多变量时序数据异常检测的性能。

第 **5** 章
目标活动动向预测分析

5.1 基于事件的目标动向预测

  由于不同场景下作战知识的含义和属性不同，指挥员对不同作战场景下军事知识的解释也不同。例如，同样是舰艇机动动作，在不同的作战场景下可以分别执行巡航、攻击或搜救等不同的任务。因此，指挥员需要结合具体的作战场景理解实际作战认知。人类指挥员可以迅速从纷繁复杂的作战信息中捕捉关键要素知识，快速理解和掌握作战要素之间的交互作用关系，而这是机器难以做到，这一点在联合作战的智能认知上更为突出。其根本原因在于机器缺乏对复杂作战场景进行理解和判断的基本知识，无法完成从作战数据到战场信息再到实际作战知识的转化。

  在现有的智能机器分析的过程中，参谋人员对获取的战场实时信息、动向情报信息、作战日报数据、开源军情数据等多源数据通过人工作业的方式进行情报关键信息的提取、关联处理、事件推理，并基于敌我双方的历史行为和作战规则结合专家经验和业务知识进行配合解释，同时基于最终梳理的分析结果，结合人脑的记忆和有限知识，优化对未来情报、重大事件的预测和处置预判。现有的业务系统在整个业务作业流程中主要扮演数据存储和结果呈现的角色，大量的时间花费在人为对情报和军事信息的梳理、分析以及后续研判决策过程中，急需一套智能化的支撑分析平台，以提高作战值班情报智能分析、事件处置科学化支撑手段的数据化、自动化、智能化水平，精准保障情报分析、意图识别和辅助决策的每个业务环节，有效缩短我军在未来智能化战争中的快速响应时间。而对军事目标活动动向预测是其中的重要一环。

　　时序知识图谱推理可以有助于迅速精准地判断目标活动动向，从而对目标活动动向制定相对应的防御措施。然而，现实中的知识图谱随着时间不断演化，对未来事件的预测具有一定难度。近年来，自然语言生成文本摘要任务领域的发展为这种复杂的时序知识图谱未来事件预测提供了契机。

5.1.1　目标活动事件图谱构建

　　基于事件的目标动向预测的时序知识图谱构建需要处理多个数据来源的情报信息。构建军事活动的知识图谱首先需要突破大规模知识信息抽取技术，并从多个维度对抽取出的知识信息和已有的知识信息进行关联，从而实现实时情报信息的增量更新。知识信息抽取技术从任务形式上看可分解为两个阶段：首先，对碎片化文本中出现的知识实体进行识别；其次，对抽取出的所有知识实体两两配对，判断实体对之间存在的关系，即可将知识抽取任务视作实体抽取任务和实体对关系分类任务。

　　而实体和关系是一个静态的知识，并不能准确地反映现实世界的动态发展；事件与实体不同，可以准确地反映实体的动态变化，事件是人类理解的最小单元，大量情报文本中抽取重要事件，有助于快速获取有价值情报信息。借助人工智能技术，在大量碎片化信息文本中抽取目标对应的关键事件，可以有效提升目标分析的信息化水平，大幅提高情报分析效率。

　　事件抽取模型的主要目标是抽取目标信息的动态行为信息，其中主要包括武器装备的时间、地点、主体、行为行动信息、自行为受体等主要的动态行为信息。由于行为信息的动态性和参数之间既有时长变化又存在一定的关系，在进行事件抽取过程中，针对文本中事件触发词以及属性参数（时间、地点、主体、受体等）分别进行抽取，事件抽取词抽取为事件行为抽取和分类，事件参数抽取为事件行为对应的时间、地点以及目标的抽取；通过对文本中目标动态事件行为信息的抽取，可以有效地提升业务人员对目标动态行为信息的掌握，快速地进行目标动态行为的关联和分析。

　　针对不同数据来源和领域，业务人员关心的情报事件信息会有所不同，因此在构建事件抽取模型前，需要根据场景和需求设计合适的事件标签体系，然后人工标注一定量的情报数据，建立事件抽取模型；为应对目标活动预测事件的时间抽取，制定了事件抽取标签体系，例如，建立 65 个事件类型和 22 个参数类型。具体事件抽取标签见表 5-1。

表 5-1　数据集预测效果

方　法	SAIKG						
	年份	回合	MRR	MR *	Hits@1	Hits@3	Hits@10
TransE	2013	20000	36.48	146.95	18.81	42.00	81.40
Distmult	2015	20000	36.62	256.48	19.25	42.68	81.04
ComplEX	2016	20000	37.32	260.49	19.86	43.70	81.50
RotatE	2019	20000	36.47	172.17	18.44	42.87	81.35
TTransE	2018	330	51.43	119.07	36.38	60.99	79.52
TATransE	2018	370	85.56	111.20	81.68	88.65	91.53
TADistmult	2018	810	91.17	179.71	89.96	92.01	92.18
RE-NET	2020	50	91.20	112.67	89.87	91.96	**93.41**
TimeTraveler	2021	400	77.72	188.57	70.99	83.21	88.06
CyGNet	2021	50	58.20	198.85	43.27	69.49	89.27
CENET	2022	600	91.71	111.71	91.22	91.88	92.48
CyGNet+协同	2024	50	59.72	164.47	44.55	71.34	90.66
CENET+协同	2024	400	**92.29**	**75.82**	**91.67**	**92.48**	93.37

　　事件是对现实生活一个事情的准确记录和描述，一个事件的触发词和对应的论元必须准确地描述事件。所以一条数据中如果包含多条数据，准确识别每个事件对应的论元是事件抽取研究的重点之一。为解决以上问题，提出一种同时训练触发词和论元参数的事件抽取算法，可以有效提高触发词和论元的抽取性能，其模型原理图如图 5-1 所示。

　　本节事件抽取采用触发词抽取和事件论元抽取的 pipeline 的抽取方式；在图 5-1 的左侧部分通过 BERT+分类器的方式进行事件触发词抽取和分类预测；右侧部分是基于触发词预测结果进行事件论元的识别。对触发词抽取和事件论元识别均是基于 BERT 预训练模型进行微调的，即先采用 BERT 预训练语言模型作为基准模型，因为 BERT 预训练模型是采用双向 Transformer 作为特征抽取器，能够很好地学习到深层语义信息，以向量的形式来表示句子中的每个词。例如，图 5-1 中将【日自卫队赴南海侦察】按照对应的 wordpiece（词片，中文中我们将每个字作为一个词片）、segment（第几个句子）和位置特征输入 BERT 预训练模型，得到每个词片对应的词向量。其次，将词向量输入一个触发词分类器中获得每个词对应的触发词类型，如图 5-1 中我们得到"赴"是转移类型的触发词。最后，每个词对应的触发词标签作为论元预测

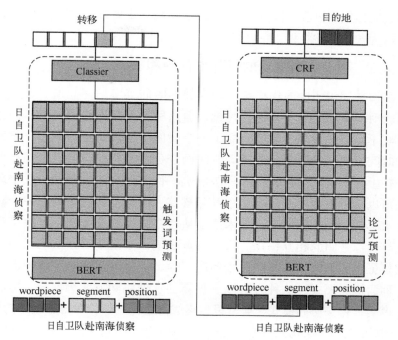

图 5-1　事件抽取模型原理图

segment 参数输入 BERT 预训练模型中，得到新的词向量表达，通过 CRF（条件随机场）层得到每个词对应的论元类型。例如，图 5-1 中我们得到了"南海"为事件的目的地。

在触发词预测的过程中，采用 softmax 线性分类器识别每个词属于触发词的类别，每个触发词类别的概率值为

$$S_i = \frac{e^i}{\sum\limits_j e^j} \tag{5.1}$$

式中：e^i 为每个触发词类别的对应权重。

在事件论元识别过程中，使用了 BERT+CRF 层网络模型。另外，在触发词预测与论元预测时的输入略有不同。在触发词预测过程中，预测句子中的每个字是否为触发词以及是哪种触发词类型，使用分类方式（触发词类型以及 O 标签，即类别个数为触发词类型个数+1），得到触发词后，我们将预测的触发词位置也作为特征（使用 segment 的方式进行标记），补充到论元预测部分并输入 BERT 预训练模型中，预测每个字是否为论元以及是哪种论元参

数类型，同样使用分类方式（类别标签为 BIES+触发词类型以及 O 标签，即类别个数为 4 * 论元类型个数+1）。

5.1.2 基于协同模式的目标事件预测

大型事件知识图谱的规模会随着存储的时间事实增多而增长，从而实现沿时间轴对实体的动态关系进行建模。但这种时序知识图谱（TKG）经常会遇到事实不完整的问题，需要建立了一个时间感知表示学习模型，帮助推断缺失的时间事实。尽管事实会随着时间的变化而变化，但可以发现许多事实在时间轴上会出现重复现象，如经济危机事件和外交活动事件。这个现象表明模型可以从历史已出现的事实中学习规律。此外，某些领域的一个独特特征是许多事实的同步协同，这个术语是从特定的说法借来的，反映了观察和移除剂等目标之间的相互作用。这一特点表明，该模型可以从同时的协同关系中收集更多的见解。为解决这个问题，提出了一种新的时序知识图谱推理机制，称为协同模式。这种方法以一种新的事件协同方式为前提，能够预测未知的事实。将该协同模式与典型模型集成并进行测试，取得了较好的效果。

协同模式的整体架构如图 5-2 所示。图中上半部分为协同模式，不同时刻的 TKG 快照作为 *K/Q/V* 矩阵的输入。在计算多头自注意矩阵后，经过 MLP 处理生成实体预测的概率分布。图的下半部分为初始模型，表示经过 TKG 处理后生成概率分布的过程。图 5-2 展示了知识图谱预测任务和两个概率分布的组合过程。

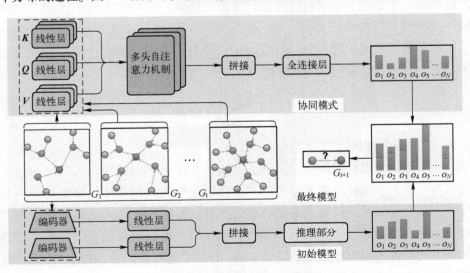

图 5-2　协同模式模型原理图

5.1.2.1　符号

与传统的知识图谱相比，时序知识图谱包含了时态信息。

在 TKG 中，每个事实都封装了主题 $s \in \mathbb{E}$ 和对象 $o \in \mathbb{E}$ 之间的关系，它们的关系（或谓词）$p \in \mathbb{R}$ 位于时间步 $t \in \mathbb{T}$。这里，$\mathbb{E}$ 和 $\mathbb{R}$ 分别表示实体和关系的词汇表，而 $\mathbb{T}$ 表示一组时间戳。s、p、o 和 t 表示时间事实中的主题实体、谓词、对象实体和时间步长的嵌入向量。G_T 表示时间 T 的 TKG 快照，$g = (s, p, o, t)$ 表示 G_T 内的四元组（事实）。TKG 是围绕一系列事实构建的。这四项事实按时间顺序排序，即 $G = G_1, G_2, \cdots, G_T$。对于时间步 t_k 的每个主题实体和谓词，在 $(?, ?, ?, t_k)$ 中建立了一个固定的 G 子集，特别具有协同性，并且四元组词汇表 (s, p, o, t_k) 表示为 C_{t_k}，包含了在时刻 t_k 的已知快照 G_{t_k} 中的所有四元组事实。换句话说，协同词汇表 C_{t_k} 包含了发生在实例 t_k 上的所有事实。

对缺失时间事实的预测旨在推断被省略的对象实体 $(s, p, ?, t)$，或提供的主题实体 $(?, p, o, t)$ 或关系预测 $(s, ?, o, t)$。在不损失通用性的情况下，模型被描述为预测时间事实中缺失的对象实体，尽管该模型可以很容易地扩展到其他元素，包括主题实体和谓词。

5.1.2.2　模型组件

如图 5-2 所示，模型采用了一种称为协同模式的推理方法。协同模式致力于分析所有同时发生的事件之间的合作关系，以帮助进行事件预测。

在预测四元组 $(s, p, ?, t+1)$ 时，协同模式依赖于先前 t 个 TKG 快照 G_T 中所有事件的四元组之间的协同关系。然后对模型进行评估，并计算时间 $t+1$ 的现有事件的 4 倍与要预测的事件之间的协同关系。目标是估计跨整个实体词汇表响应查询的概率。最后，将协同模式的概率预测与原始模型的概率预测合并，得到最终被预测实体在整个实体词汇表中的概率分布。

首先，对训练集进行处理，得到在时间 t 的训练快照中的四元组集合 G_i 的协同事件集合 C_{t_k}：

$$C_{t_k} = \{ G_1, G_2, \cdots, G_{t_k-1} \} \tag{5.2}$$

式中：$G_i = \{ (s, p, o, t) \mid t = i, s \in \mathbb{E}, o \in \mathbb{E}, p \in \mathbb{R} \}$，包含 t_k 时间快照中的所有事件。

通过为每个快照按时间顺序训练模型，采用递归方法，并利用所有以前快照协同事件的集合进行模型训练。在评估协同模式的性能时，采用了跨整个训练集的协同事件集合。

具体来说，协同模式最初采用多层感知（MLP）来产生嵌入矩阵 E_g：

$$t_k = t_{k-1} + t_u \tag{5.3}$$

$$E_g = \tanh(W_c[s,p,o,t_k] + b_c) \tag{5.4}$$

式中：$(s,p,o,t_k) \in G_{t_k}$，$W_c \in \mathbf{R}^{4d \times N}$，$b_c \in \mathbf{R}^N$ 为一个训练参数；t_u 为单位时间步长，$t_1 = t_u$；嵌入的 E_g 为一个 $M \times N$ 维向量，其中 M 表示在 t_k 处的四元组数，N 是四元组嵌入后的向量维数。

为了同时考虑知识图谱中 t_k 的四元组之间的协同关系，借鉴了多头自注意机制的概念。在计算输入矩阵 E_g 的自关注时，首先计算查询向量 Q、键向量 K 和值向量 V：

$$Q = E_g W_Q, K = E_g W_K, V = W_V \tag{5.5}$$

式中：(W_Q, W_K, W_V) 是三个矩阵的权值矩阵，可以在训练中学习。E_g 矩阵中的每行对应于输入句子中的一个单词。

然后，对结果使用 softmax 操作来标准化分数。最后，将每个值向量乘以 softmax 得分，并将加权值求和，从而计算自关注层的输出：

$$\text{Attention}(E_g) = \text{softmax}\left(\frac{QK^{\text{T}}}{\sqrt{d_k}}\right)V \tag{5.6}$$

式中：d_k 为 K 的维数，取 K 维数的平方根，在训练过程中保持梯度稳定。

多头自注意机制不仅增强了模型对不同位置的关注能力，而且为注意层提供了多个"表征子空间"。增加自注意机制的头数来增强 $Q/K/V$ 权重矩阵，在训练过程中将输入嵌入表示投影到不同的代表性子空间中。

通过多头自注意，为每个头部保持单独的 $Q/K/V$ 权重矩阵，从而生成不同的 $Q/K/V$ 矩阵。在执行与上面相同的自关注计算之后，这些矩阵被连接起来，然后乘以一个额外的权重矩阵 W^O：

$$\text{MultiHead}(E_g) = \text{Concat}(\text{head}_1, \cdots, \text{head}_h)W^O \tag{5.7}$$

$$P_{\text{coo}} = \text{MultiHead}(E_g) \tag{5.8}$$

式中：$head_i = \text{Attention}(E_g)_i$ 是头部 i 的自注意矩阵。

通过协同模式对嵌入矩阵的计算，可以同时挖掘所有四元组之间的协同关系，考虑并发发生的事件之间的交互，使推理更具时间效率。

协同模式解决了模型的许多限制，使它们能够同时合并不同事件之间的交互关系。

5.1.2.3　学习目标

当给定一个查询 $(s,p,?,t)$ 时，预测对象实体可以看作一个多类分类任务，每个类对应一个对象实体。学习目标是在最小训练过程 L 中 TKG 快照的所有事实的交叉熵损失：

$$L_{coo} = - \sum_{t \in T} \sum_{i \in \epsilon} \sum_{k=1}^{K} o_{it} \ln P(y_{ik}|s,p,t) \tag{5.9}$$

式中：o_{it} 为快照 G_t 中第 i 个实际对象实体；$P(y_{ik}|s,p,t)$ 为快照 G_t 中第 K 个对象实体的组合概率值。

5.1.2.4　推理

将推理过程描述为预测时间事实中缺失的对象，而不损失一般性。这个过程可以很容易地扩展到预测主题、对象和关系。在预测查询 $(s,p,?,t)$ 时，协同模式和初始模型都在其候选空间中以最高的概率提供对象实体。为保证预测结果中所有实体的概率之和，引入了一个系数 α 来调整两个预测结果。最终的预测结果是达到最高组合概率的实体。利用对象预测来举例说明。定义如下：

$$P(o|s,p,t) = \alpha P_{pre} + (1-\alpha) P_{coo} \tag{5.10}$$

$$o_t = \text{argmax}_{o \in \mathbb{E}} P(o|s,p,t) \tag{5.11}$$

式中：$\alpha \in [0,1]$、$P(o|s,p,t)$ 为最终预测结果；P_{pre} 为原模型的预测结果；o_t 为加入协同模式后的最终预测结果。

5.1.3　基于事件的目标动向预测评估

依据开源军事文本数据获取目标情报数据，使用随机替换实体的方式进行数据增强，并采用事件抽取模型抽取情报文本中所包含的事件及相应参数，获取参数中的主体兵力、目的区域、客体兵力、触发词类型等，结合情报文本的自身时间，构建大量的情报四元组。

时间知识图谱是将时间信息融入传统 KG 中。在时间知识图谱中，每个时间点 $t \in T$，一个事实知识表述了主体实体 $s \in \mathbb{E}$ 和客体实体 $o \in \mathbb{E}$ 以及主客体之间的关系 $p \in \mathbb{R}$，其中 $\mathbb{E}$，$\mathbb{R}$ 分别表示实体和关系的对应词汇集合，T 为时间戳集合。s，p，o，t 表示时间事实中主体实体 s，关系 p，客体实体 o 和时间步长 t 的嵌入向量。G_t 表示时间知识图谱在时间点 t 的快照，并且 $g=(s,p,o,t)$

表示 G_t 中的一个事实四元组。一个时间知识图谱包含一组不同时刻的事实四元组集合，即 $G = \{G_1, G_2, \cdots, G_T\}$。对于时间点 t 的每个主实体和谓词对，我们定义 $\mathbb{E}$ 的一个定界子集，即 $\mathbb{E}$ 中特定于 (s, p, t) 的历史词汇，记为 $H_{t_k}^{(s,p)}$，包含主体是 s、关系是 p、在时刻 t_k 之前的所有已知快照 $G(t_1, t_{k-1}) = \{G_1, G_2, \cdots, G_{k-1}\}$ 中已作为客体的实体。$H_{t_k}^{(s,p)}$ 是一个 N 维的 multi-hot 向量，N 为 $\mathbb{E}$ 中全部不重复实体的数量，出现在历史词汇表中的实体的值标记为 1，其他标记为 0。对缺失的时间事实四元组进行预测，旨在推断四元组中缺失的客体实体 $(s, p, ?, t)$，或推断缺失的主体实体 $(?, p, o, t)$，或推断缺失的主体与客体的关系 $(s, ?, o, t)$。

军事活动相关的时序知识图谱中的子图见图 5-3。

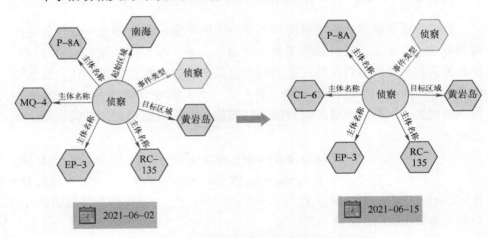

图 5-3　军事活动相关的时序知识图谱中的子图

5.1.3.1　评测指标

平均倒数排名（MRR）是一种通用的对搜索算法进行评价的机制，通过把标准答案在被评价系统给出结果中的排序取倒数作为其准确度。即预测的第一个结果匹配，分数为 1，预测的第二个结果匹配分数为 0.5，第 n 个结果匹配分数为 $1/n$，如果没有匹配的句子分数为 0。最终的分数为所有得分的平均数。其计算公式为

$$\text{MRR} = \frac{1}{|Q|} \sum_{i=1}^{|Q|} \frac{1}{\text{rank}_i} \tag{5.12}$$

Hits@N 是一种更加直观的搜索算法评价指标，通过判断标准答案是否存在于模型预测的 Top-N 结果中来计算 Hits@N。

5.1.3.2 实验结果

通过预处理情报数据得到 25890 个情报四元组，然后采用随机划分的方式将划分出 21171 条训练集，4719 条作为测试集。在划分出的训练集和测试集上训练协同模式的四元组推理模型，将数据集处理成模型训练所需的格式后训练模型，并得到测试集上的推理效果，如表 5-2 所示。

表 5-2 数据集预测效果

方 法	Collaboration Mode						
	年份	回合	MRR	MR*	Hits@1	Hits@3	Hits@10
TransE [29]	2013	20000	36.48	146.95	18.81	42.00	81.40
Distmult [32]	2015	20000	36.62	256.48	19.25	42.68	81.04
ComplEX [33]	2016	20000	37.32	260.49	19.86	43.70	81.50
RotatE [34]	2019	20000	36.47	172.17	18.44	42.87	81.35
TTransE [13]	2018	330	51.43	119.07	36.38	60.99	79.52
TATransE [58]	2018	370	85.56	111.20	81.68	88.65	91.53
TADistmult [58]	2018	810	91.17	179.71	89.96	92.01	92.18
RE-NET [14]	2020	50	91.20	112.67	89.87	91.96	**93.41**
TimeTraveler [59]	2021	400	77.72	188.57	70.99	83.21	88.06
CyGNet [42]	2021	50	58.20	198.85	43.27	69.49	89.27
CENET [47]	2022	600	91.71	111.71	91.22	91.88	92.48
CyGNet-w.-Collaboration	2023	50	59.72	164.47	44.55	71.34	90.66
CENET-w. Collaboration	2023	400	**92.29**	75.82	**91.67**	92.48	93.37

以推理 EP-3E 电子侦察机会执行什么任务为例，图 5-4 展示了与 EP-3E 电子侦察机相似且相关联的事件列表。例如：（2020-08-19，EP-3E，侦察，福建、广东），（2020-07-19，EP-3E，侦察，福建、广东）。

在得知 EP-3E 都执行过什么任务的历史信息，基于协同模式的目标活动动向预测推理模型对其下一个时间段可能会执行什么任务进行推理，其可视化结果如图 5-5 所示。

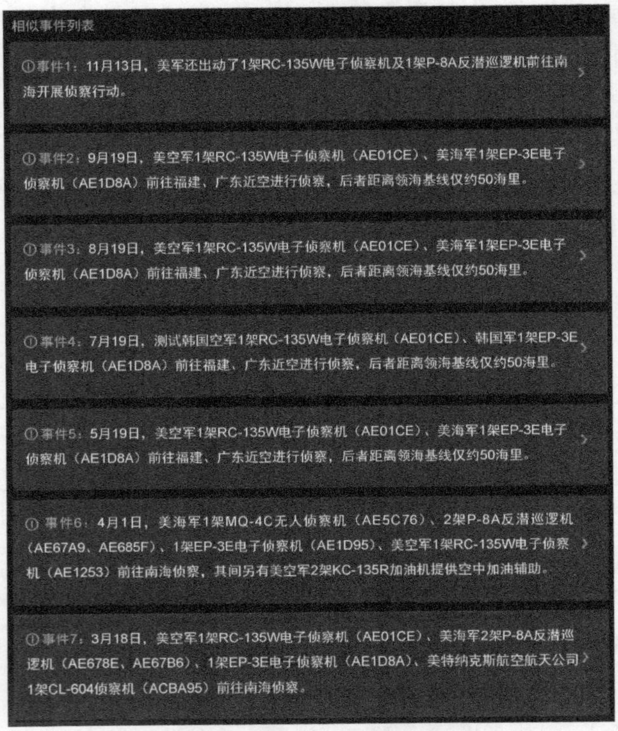

相似事件列表
①事件1：11月13日，美军还出动了1架RC-135W电子侦察机及1架P-8A反潜巡逻机前往南海开展侦察行动。
①事件2：9月19日，美空军1架RC-135W电子侦察机（AE01CE）、美海军1架EP-3E电子侦察机（AE1D8A）前往福建、广东近空进行侦察，后者距离领海基线仅约50海里。
①事件3：8月19日，美空军1架RC-135W电子侦察机（AE01CE）、美海军1架EP-3E电子侦察机（AE1D8A）前往福建、广东近空进行侦察，后者距离领海基线仅约50海里。
①事件4：7月19日，测试韩国空军1架RC-135W电子侦察机（AE01CE）、韩国军1架EP-3E电子侦察机（AE1D8A）前往福建、广东近空进行侦察，后者距离领海基线仅约50海里。
①事件5：5月19日，美空军1架RC-135W电子侦察机（AE01CE）、美海军1架EP-3E电子侦察机（AE1D8A）前往福建、广东近空进行侦察，后者距离领海基线仅约50海里。
① 事件6：4月1日，美海军1架MQ-4C无人侦察机（AE5C76）、2架P-8A反潜巡逻机（AE67A9、AE685F）、1架EP-3E电子侦察机（AE1D95）、美空军1架RC-135W电子侦察机（AE1253）前往南海侦察，其间另有美空军2架KC-135R加油机提供空中加油辅助。
①事件7：3月18日，美空军1架RC-135W电子侦察机（AE01CE）、美海军2架P-8A反潜巡逻机（AE678E、AE67B6）、1架EP-3E电子侦察机（AE1D8A）、美特纳克斯航空航天公司1架CL-604侦察机（ACBA95）前往南海侦察。

图 5-4　EP-3E 相似事件列表

EP-3
主体名称
黄岩岛
目标区域
侦察
事件类型
侦察
起始区域
嘉手纳
待机
0.00108047
0.00178975
活动
0.17
拦截
0.99395760
侦察
0.38
跟踪
监视

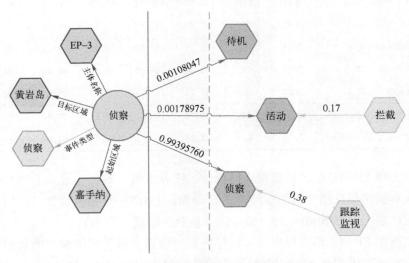

图 5-5　军事意图识别的可视化结果

可视化结果清晰地展现了基于事件的目标动向预测的可行性。在该任务中，模型从 EP-3E 的历史相似事件中学习后，推理 EP-3E 将有 99.39% 的概率继续实行侦察任务。

5.2　基于轨迹的目标动向预测

轨迹预测是运动预测的一个子领域，指在给定一个目标过去或当前运动轨迹的情况下，对其未来位置、速度、方向等状态信息进行预测的任务。它是许多领域中重要的组成部分，在自动驾驶、无人飞行器、运动分析等领域有着广泛的应用。其中，轨迹预测根据时间长短可分为短期（short-term）预测和长期（long-term）预测两种，短期预测一般指 0~2s 的预测范围，长期预测一般指 2~20s 的预测范围。而在军事领域，针对飞机、舰船等机动目标，我们希望实现 4~8h 的目标活动趋势预测。

5.2.1　轨迹数据预处理

目标轨迹数据常按一定时间间隔采集得到，而较小的时间间隔会使轨迹数据量十分庞大，不便于后续的计算和处理，较大的时间间隔会使轨迹不够光滑，甚至丢失轨迹特征。因此，对原始轨迹数据进行预处理，使其在保留几何特征的前提下轨迹点尽量稀疏，对后续一系列轨迹分析工作的开展尤为重要。在计算轨迹相似度的过程中，若要使两条相似轨迹的轨迹点对齐，还需要得到间隔均匀的轨迹点序列。因此，对轨迹进行抽稀、插值以及等距取点等操作，使用间隔均匀的轨迹点序列来抽象表示连续的轨迹。轨迹数据预处理流程图如图 5-6 所示。

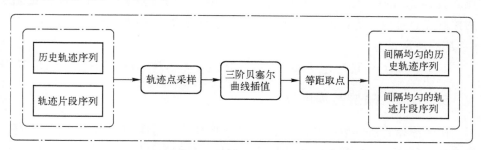

图 5-6　轨迹数据预处理流程图

5.2.1.1 轨迹数据插值

轨迹数据插值方法是在数值分析的基础上，通过一系列数学手段来估计或预测轨迹数据中未知点或区间的方法。其中，贝塞尔插值方法是一种多边形插值方法，它可以将 n 个顶点连接成为平滑的曲线。

本节主要选用三阶贝塞尔曲线插值方法，与一般的分段插值方法不一样，它在对两个端点进行插值时会考虑相邻的另外两个点，它将每两个顶点作为一条贝塞尔曲线的端点，并由这两个端点结合相邻的其他两个顶点求得和这两个端点对应的贝塞尔曲线的控制点，然后基于端点和控制点应用三阶贝塞尔曲线方程，绘制一条过两个顶点的贝塞尔曲线，其中数据点确定了曲线的起始和结束位置，而控制点确定了曲线的弯曲程度。三阶贝塞尔曲线插值示意图如图 5-7 所示。

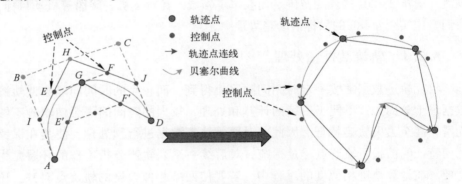

图 5-7　三阶贝塞尔曲线插值示意图

图 5-7 中，E'、F' 分别为 AG、DG 的中点，EF 由 $E'F'$ 平移得到，点 I 和点 E 为弧 AG 的控制点，点 F 和点 J 为弧 AG 的控制点，点 B 和点 C 为弧 AD 的控制点。且由三阶贝塞尔曲线方程可知：弧 AD 上的动点 G 关于点 A、B、C、D 的关系式为

$$G(t)=A(1-t)^3+3Bt(1-t)^3+3Ct^2(1-t)^2+Dt^3, t\in[0,1] \qquad (5.13)$$

5.2.1.2 轨迹数据压缩

由于原始轨迹的数据量较大，一般需要对其进行压缩以节省储存空间和提高处理效率，常见的方法包括分段、抽稀、曲线拟合等。本节主要采用轨迹抽稀、贝塞尔曲线插值以及等距取点等方法，轨迹数据压缩过程如图 5-8 所示。

（1）轨迹抽稀：设定采样步长，轨迹点过于密集的地方间隔取点，便于后续的插值处理。另外，对于轨迹点较为密集的轨迹序列数据，从数据库读取这种时序数据往往耗时较多，此举也可以减少读取数据的时间开销。

（2）三阶贝塞尔曲线插值：设置插值距离，依次遍历轨迹点集，计算当前轨迹片段插值点个数。生成轨迹数据折线中点集，找出中点连线及其分割点，平移中点连线，调整端点，生成控制点，基于控制点，应用贝塞尔曲线方程插值，从而得到插值后的轨迹坐标数据。

（3）等距取点：设置一定大小的间隔进行等距取点，使轨迹点均匀化、稀疏化，有助于减少轨迹点匹配过程中的计算量，提升算法效率。

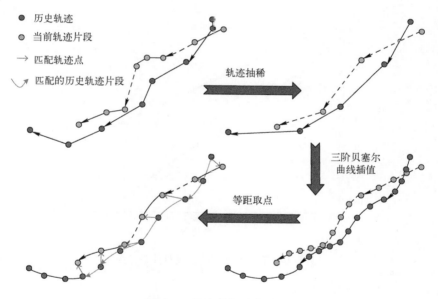

图 5-8　轨迹数据压缩过程

不同尺度下的轨迹预处理结果如图 5-9 所示，在对轨迹进行抽稀、插值以及等距取点等操作后，轨迹仍然保留了其几何特征，且处理后的轨迹点间隔趋于均匀，后续便可基于 LCSS（最长公共子序列）等方法实现轨迹点匹配，进而近似计算轨迹距离用于评估轨迹相似度。

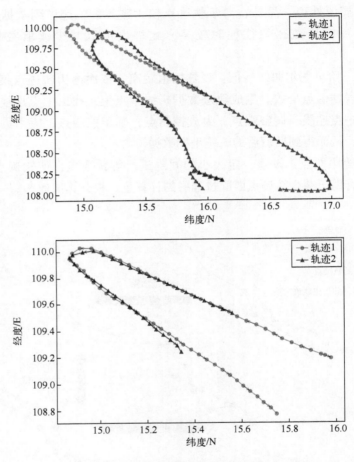

图 5-9　不同尺度下的轨迹预处理结果

5.2.2　基于轨迹相似度的目标活动预测

　　针对实现活动轨迹预测和活动方向预测的需求，本节提出了一种基于轨迹相似度计算的目标活动预测方法。该方法通过计算当前与历史轨迹的相似度，筛选出相似程度较高的历史轨迹来预测目标未来的活动轨迹线，并基于统计方法预测目标在短期内的前进方向及概率。基于轨迹相似度的目标活动预测流程图如图 5-10 所示。

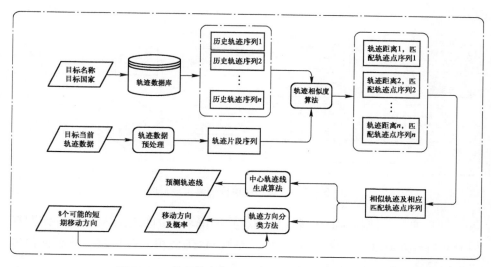

图 5-10　基于轨迹相似度的目标活动预测流程图

5.2.2.1　轨迹相似度评估

对于轨迹相似度的计算，涉及经度、纬度、高度以及速度（时间）等多个维度，考虑到轨迹关于时间变化的复杂度（目标速度受风向、天气等多个复杂因素的影响，使目标轨迹在时间上的变化难以一致）以及目标轨迹在高度上变化不明显的普遍性（只有飞机在起飞和降落时，目标轨迹才会在高度上有明显变化），本节将问题简化，降维至经度和纬度两个维度进行求解。即本技术只关心目标在平面上的运动趋势，从而简单地把两条轨迹看作平面上的两条连续曲线，只考虑它们在平面上的几何相似性，无须考虑平移、放缩和旋转。而在实际问题的求解过程中，可得的轨迹数据形式为有序的经纬度数据序列，于是将轨迹相似度评估问题转化为离散轨迹点的匹配问题。本技术采用离散的最长公共子序列（LCSS）方法寻找连续匹配的轨迹点序列，进而近似计算两条轨迹的相似度。

本技术先使用三阶贝塞尔曲线插值等方法获得同等尺度下间隔均匀的经纬度序列轨迹数据，再基于最长公共子序列算法求解相似轨迹序列，然后对一一匹配的轨迹点计算欧式距离，再基于指数式衰减加权方法近似计算两条轨迹的距离，最后将轨迹距离的倒数作为轨迹相似度。轨迹相似度计算流程图见图 5-11，具体计算步骤如下。

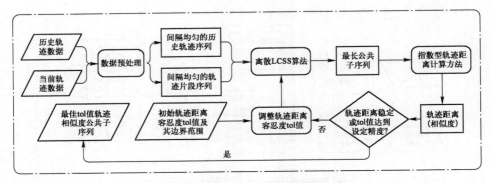

图 5-11　轨迹相似度评估算法流程图

（1）通过采样和插值获得（轨迹点）间隔均匀的轨迹序列：按一定距离间隔对轨迹数据进行采样，然后对采样后的轨迹使用三阶贝塞尔曲线插值方法进行平滑。

（2）计算两两轨迹点的匹配结果：计算轨迹点距离矩阵，设定相似轨迹点距离阈值 tol，若两个轨迹点的欧式距离小于该阈值，则认为这两个轨迹点是匹配的，否则认为不匹配。

（3）使用 LCSS 方法求解最长公共子序列：根据式（5.14）求解相似轨迹路径矩阵，根据相似轨迹路径矩阵可求得相似轨迹长度及匹配轨迹点的相对路径。

（4）计算轨迹相似度：最后根据相似轨迹长度计算轨迹相似度。

1. 最长公共子序列（LCSS）算法

LCSS 算法是一种较为鲁棒的相似度计算方法。相对于要求所有的点都必须匹配的欧几里得距离、DTW 距离、弗雷歇距离等相似度计算方法，LCSS 方法允许跳过一些点，使其对噪声具鲁棒性。特别是对于离散、不均匀的轨迹数据，本文虽然通过采样和插值使轨迹点趋于均匀，但仍然无法完全解决轨迹点不对齐的问题，而对于采样和插值引入的误差，LCSS 方法在一定程度上不会受到它们的影响。

LCSS 算法应用于轨迹相似度计算的关键操作为：对于两个轨迹点，若两者的欧几里得距离小于阈值 ε，则认为两者匹配。对于轨迹序列 $A = (a_0, a_1, \cdots, a_{m-1})$ 和 $B = (b_0, b_1, \cdots, b_{m-1})$，相似轨迹路径矩阵 $L(A, B)$ 的计算公式见式（5.14）：

$$L(A,B)=\begin{cases}0 & \text{当 } A=\phi \text{ or } B=\phi \text{ 时}\\1+LCSS(a_{i-1},b_{j-1}) & \text{当 } dist(A,B)<\varepsilon \text{ 时}\\\max(LCSS(a_{i-1},b_j),LCSS(a_i,b_{j-1})) & \text{其他}\end{cases}$$

$$(5.14)$$

LCSS 算法在寻找两条轨迹的最长公共子序列时，通过两重 for 循环对轨迹点一一进行匹配，其流程图见图 5-12。

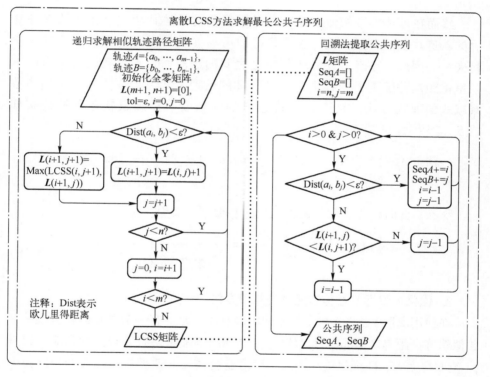

图 5-12　离散 LCSS 算法流程图

2. 指数衰减型加权轨迹距离

在近似计算轨迹序列距离时，我们往往会使用匹配轨迹点的平均距离，即若对轨迹 A 与轨迹 B 使用离散 LCSS 方法求得相似轨迹序列为：$\text{Seq}A=[a_{i_1},a_{i_2},\cdots,a_{i_m}]$，$\text{Seq}B=[b_{j_1},b_{j_2},\cdots,b_{j_m}]$，其中 $i_1<i_2<\cdots<i_m$，$j_1<j_2<\cdots<j_m$，则轨迹 A 和轨迹 B 的平均型轨迹距离公式如式（5.15）所示：

$$\text{Dist}(A,B) = \frac{1}{m}\text{dist}(a_{i_m},b_{j_m}) + \frac{1}{m}\text{dist}(a_{i_{m-1}},b_{j_{m-1}}) + \cdots + \frac{1}{m}\text{dist}(a_{i_1},b_{j_1})$$

$$(5.15)$$

此时轨迹 A 和轨迹 B 的轨迹相似度公式为：

$$\text{Sim}(A,B) = \frac{1}{\text{Dist}(A,B)} = \frac{m}{\displaystyle\sum_{k=1}^{m}\text{dist}(a_{i_k},b_{j_k})}$$

$$(5.16)$$

然而在评估轨迹相似度时，相对于靠前的轨迹片段实际上会更关注靠后的轨迹片段的相似程度，因为目标的运动（转移）过程具有一定的马尔科夫性。因此，在近似计算相似轨迹之间的距离时，给更新轨迹点对的欧几里得距离分配更大的权重是一种合理的处理方式，于是本技术采用指数衰减式的加权方法，轨迹 A 和轨迹 B 的指数衰减型加权轨迹距离公式如式 5.17 所示：

$$e\text{Dist}(A,B) = \frac{1}{2}\text{dist}(a_{i_m},b_{j_m}) + \frac{1}{2^2}\text{dist}(a_{i_{m-1}},b_{j_{m-1}}) + \cdots + \frac{1}{2^m}\text{dist}(a_{i_1},b_{j_1})$$

$$(5.17)$$

那么，此时轨迹 A 和轨迹 B 的轨迹相似度公式为

$$e\text{Sim}(A,B) = \frac{1}{e\text{Dist}(A,B)} = \frac{1}{\displaystyle\sum_{k=1}^{m}2^{k-m-1}\text{dist}(a_{i_k},b_{j_k})}$$

$$(5.18)$$

3. 优化求解近似最佳匹配轨迹片段方法

在使用离散 LCSS 方法求解匹配轨迹点序列时，有一个重要的超参数——相似轨迹点距离阈值 tol，其对轨迹点序列的匹配结果有着较大的影响。如果 tol 值取得太大，匹配轨迹片段的长度可能会很大（匹配轨迹片段的长度关于 tol 值单调递增），但匹配准确度会下降，即找到的可能不是最佳匹配的轨迹点序列，从而导致与相似轨迹片段的距离也会比较大；如果 tol 值取得太小，可能导致找不到匹配的轨迹片段或匹配的轨迹片段太短，丢失一部分几何特征，不足以囊括相似的部分，亦不是最佳匹配。因此，选择合适的 tol 值十分重要，我们希望在使当前轨迹与历史轨迹相似片段相对距离尽量小的前提下，匹配的轨迹点尽量多。基于这两个目标，本方法在一定取值范围内动态调整 tol 值，迭代求解此凸优化问题，找到 tol 的次优解。图 5-13 展示了优化求解次佳匹配轨迹片段的流程。

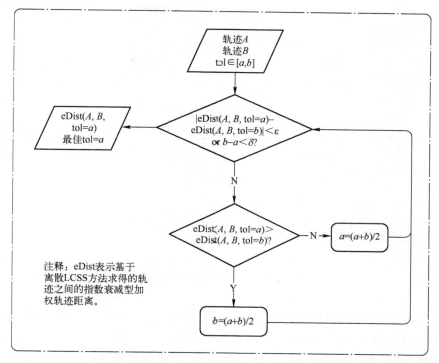

图 5-13 优化求解最佳匹配轨迹片段流程图

5.2.2.2 活动轨迹预测

结合轨迹相似度评估技术，本节研究一种基于轨迹相似度的目标活动轨迹预测方法，该方法利用轨迹相似度找到所有与当前轨迹相似的历史轨迹，再求相似历史轨迹的中心轨迹线，作为轨迹线预测的结果。该方法的流程图如图 5-14 所示。

对于目标的当前轨迹 S 及其相似历史轨迹集 $\{S_1, S_2, S_3\}$，图 5-15 展示了该方法计算得到相似历史轨迹中心轨迹线的一个示意图。

设基于轨迹相似度算法得到三条与当前轨迹 S 相似的历史轨迹 S_1、S_2、S_3，即 $eDist(S, S_k) < \varepsilon$，$k = 1, 2, 3$。该方法基于以下方法求解相似历史轨迹后半部分的中心轨迹线。

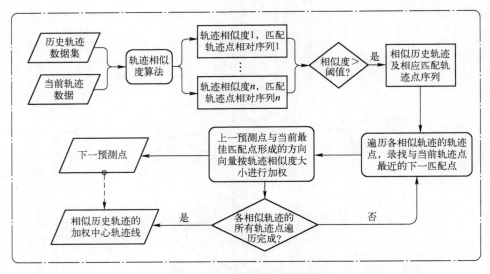

图 5-14　轨迹预测算法流程图

将相似历史轨迹后半部分的轨迹序列分别放入一个队列，那么遍历各队列中的轨迹点，直至队列为空。对于当前轨迹点 P，找到各个队列中与点 P 最近的轨迹点形成方向向量 V_k，将各单位方向向量按轨迹相似度加权得到预测方向向量 V，即

$$V = \sum_{k=1}^{3} V'_k = \sum_{k=1}^{3} \frac{V_k}{e\mathrm{Dist}(S, S_k)\,|V_k|} \tag{5.19}$$

其中，对于预测分向量 V'_k，单位方向向量 $\dfrac{V_k}{|V_k|}$ 确定其方向，轨迹相似度 $e\mathrm{Dist}(S, S_k)^{-1}$ 决定其长度。那么，下一预测点 P_1 的位置为

$$P_1 = P + c\frac{V^1}{|V^1|} = P + c\frac{V}{|V|} \tag{5.20}$$

其中，c 为一个常数。以此类推，第 i 个预测点的位置为

$$P_i = P_{i-1} + c\frac{V^i}{|V^i|} = P + c\sum_{k=1}^{i} \frac{V^k}{|V^k|} \tag{5.21}$$

于是可得到预测轨迹点序列 $[P_1, P_2, \cdots, P_n]$，形成中心轨迹线 S'，将其作为预测的轨迹线。轨迹线预测示意图如图 5-16 所示。

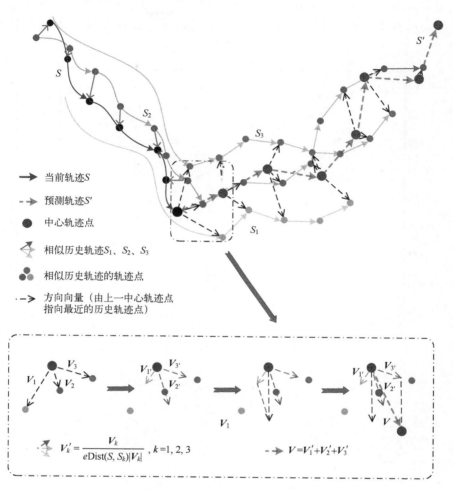

图 5-15　中心轨迹线生成示意图

5.2.2.3　目标动向预测

对于短期移动方向的预测，本弓提出一种基于相似轨迹的目标动向预测方法，该方法把目标当前轨迹点位置建模为坐标原点，并把坐标轴划分为 8 个象限。第一象限：东北偏东方向；第二象限：东北偏北方向；第三象限：西北偏北方向；第四象限：西北偏西方向；第五象限：西南偏西方向；第六象限：西南偏南方向；第七象限：东南偏南方向；第八象限：东南偏东方向。然后，本方法通过计算相似历史轨迹在原点附近向这 8 个方向的转移概率，作为短期移动方向的预测结果。该预测算法的流程图如图 5-17 所示。

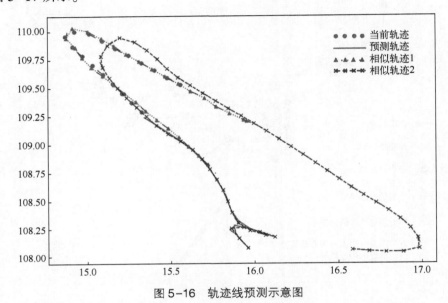

图 5-16　轨迹线预测示意图

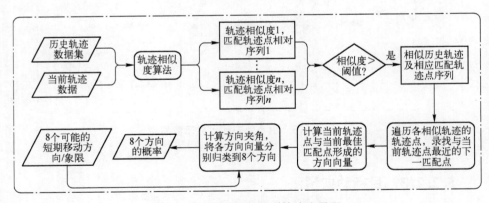

图 5-17　移动方向预测算法流程图

对于目标的当前轨迹点 P 及与其匹配的历史轨迹在附近分布的一段时间（短期）后的轨迹点 $\{H_1, H_2, H_3, H_4, H_5\}$，图 5-18 展示了该方法计算得到短期移动方向预测结果的一个示意图。

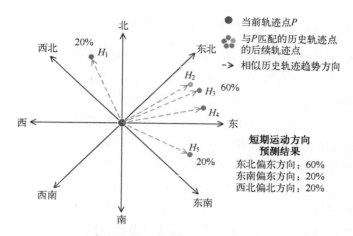

图 5-18　短期移动方向预测示例

由图 5-18 可知，落入第一象限的历史轨迹点（东北偏东方向）的占比为 60%，故预测目标在短期内向东北偏东方向进行转移的概率为 60%。对短期运动方向的结果在地图上进行可视化展示，短期移动方向预测示意图如图 5-19 所示。

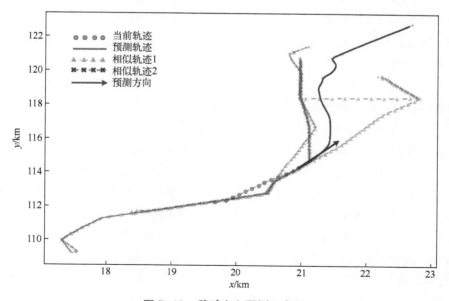

图 5-19　移动方向预测示意图

5.2.3 基于深度学习的目标活动预测

针对实现目标未来较长时间内活动区域预测的需求，本节主要研究基于深度学习的目标活动预测方法，这类方法基于深度神经网络建模轨迹序列数据之间的依赖关系，通过对海上航道、目标类型、目标轨迹等多源异构数据进行学习，实现目标活动栅格及概率的预测。预测方法流程图如图 5-20 所示，实现目标活动预测的步骤如下。

（1）目标分类：根据目标名称和类型，将目标分为飞机、航空母舰及其他舰船三大类，作为一类特征输入循环神经网络。

（2）轨迹数据预处理：轨迹插值、数据归一化处理。

（3）轨迹数据栅格化处理：将轨迹点数据进行栅格化处理，得到目标活动栅格预测模型的标签数据。

（4）轨迹数据集生成：设定采样步长，按步长进行滑动窗口式采样，划分训练集、验证集和测试集。

（5）深度学习模型构建和训练：搭建深度学习网络，配置超参数，并进行模型训练。

（6）目标活动栅格预测：将处理后的当前轨迹数据输入深度学习神经网络，预测得到目标未来的活动栅格信息及相应的活动概率。

针对目标下一时刻的位置预测，即目标动向预测问题，该方法考虑了以下几个方面。

（1）由于飞机、舰船等目标的机动能力不一，为实现不同类型目标的活动栅格预测，将目标类型作为一类特征进行学习。

（2）为减小 1~8h 目标活动栅格预测问题的复杂度，基于目标速度和机动能力分析加入边界约束，初始化目标活动栅格的先验分布。

（3）使用单步循环预测方法。单步预测一般使用 10 个步长的数据预测第 11 步的数据，考虑到要预测第 4h 后的活动，若设置步长为 4h，则需要 40h 较长时间的连续轨迹。若设置步长为 1h，可使用过去 10h 的轨迹数据预测未来 1h 的点位，再使用过去 9h 的轨迹数据和预测的未来 1h 数据预测第 2h 的点位。其中单步循环预测长时间的位置：从第 1 个位置开始，前 10 个位置（真实位置）预测第 11 个位置，然后第 2 个位置到第 11 个位置（预测值）为一组，预测第 12 个位置，以此循环预测更长时间的值，其误差会随时间的延长而增加。

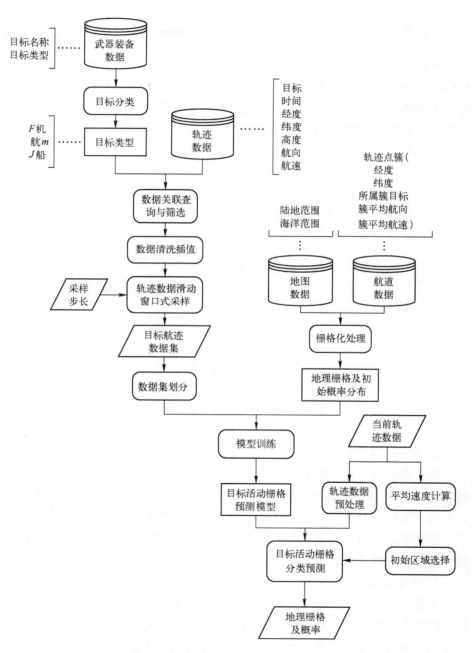

图 5-20　基于多模态数据的活动预测方法流程图

5.2.3.1 轨迹数据集构建

目标活动预测的仿真场景设置为：已知目标前 m 时刻的轨迹信息，对目标第 $m+1$ 时刻的位置做预测。针对目标活动预测问题，需要对目标从 $m+1$ 到 $m+8$ 时刻的位置做预测。为验证上述算法的有效性，需要对轨迹数据进行预处理，处理流程如图 5-21 所示。

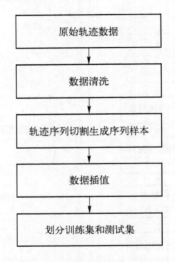

图 5-21 轨迹数据处理流程

1. 清洗小间隔时刻数据

由于需要对目标轨迹进行长期预测，于是从大时间尺度上对历史数据进行观察，剔除小间隔的轨迹数据，从而减少输入特征的冗余度。设轨迹 TR 中相邻两个轨迹点 P_i 与 P_{i+1}，其中 $P_i = [t_i, \lambda_i, \varphi_i]$。当 t_{i+1} 与 t_i 之间的时间间隔大于一定阈值时，则保留该数据；当二者之间的时间间隔小于一定阈值时，则应保留与终止轨迹点 P_L 之间距离较小的轨迹点。

2. 轨迹插值处理

不等时间间隔、不均匀的轨迹数据难以挖掘目标的航行规律。针对非均匀时序数据，常见的处理方法是利用插值算法对历史数据进行拟合，然后均匀采样，获得等时间间隔的数据，最后基于等时间间隔的数据开展预测。基于经纬度的坐标对位置进行线性插值。

3. 划分数据集

在完成数据清洗和插值处理后，需要对轨迹数据的训练集和测试集进行划分。本项目首先对历史轨迹数据进行样本划分，将观测到的包含 m 个时刻的轨迹序列作为一个实验样本。以 1h 轨迹预测为例，设定 $m=8$，将前 7 个时刻的观测时间、观测位置作为已知信息，第 8 个时刻的位置看作未知信息。按照此规则生成所有样本数据，并将这些样本数据划分为训练集和测试集，划分比例为 8:2。

5.2.3.2　多维轨迹特征提取

建立多维轨迹特征矩阵的流程包括分割轨迹数据序列和轨迹数据的时序堆叠两大部分。

1. 分割轨迹数据序列

历史轨迹数据是一组时间序列数据，包含观测时间及位置信息。轨迹可以表示成如下集合的形式：

$$\text{TR} = \{P_1, P_2, \cdots P_k, \cdots P_L\} \tag{5.22}$$

式中：P_k 为轨迹 TR 中的第 k 轨迹点，$k \in [1, L]$ 为轨迹点编号；L 为轨迹点总数，轨迹点 P_k 描述时空状态，包括观测时间和位置，其表达式为

$$P_k = [t_k, \lambda_k, \varphi_k] \tag{5.23}$$

式中：t_k、λ_k、φ_k 分别为时间、经度、纬度。

为了进行轨迹预测，本节将轨迹序列段 TR 进行切割以获得实验样本。采用固定长度为 m 的滑动窗口滑过 TR，将其切割为一系列长度为 m 的序列段，表示包含 m 个历史轨迹点数据，其中某个序列段 T_i 可以表示为

$$T_i = \{P_{i1}, P_{i2}, \cdots P_{ij}, \cdots P_{im}\}, \quad j \in [1, m] \tag{5.24}$$

其中，$P_{ij} = \{t_{ij}, \lambda_{ij}, \varphi_{ij}\}$，则轨迹序列段样本 T_i 可以表示为

$$T_i = \begin{Bmatrix} t_{i1} & \lambda_{i1} & \varphi_{i1} \\ \vdots & \vdots & \vdots \\ t_{ij} & \lambda_{ij} & \varphi_{ij} \\ \vdots & \vdots & \vdots \\ t_{im} & \lambda_{im} & \varphi_{im} \end{Bmatrix} = \{t_{ij}, \lambda_{ij}, \varphi_{ij}\}_{m \times 3}, \quad j \in [1, m] \tag{5.25}$$

2. 轨迹数据的时序堆叠

轨迹特征的提取借鉴了 DeepMind 公司开发的围棋人工智能程序 Alpha Go 的设计，Alpha Go 根据棋子连续若干步的走子状态提取特征图，并按走子顺序进行特征图堆叠。类比围棋问题，将海上航行区域视作棋盘，将目标视作棋子，将目标的时序航行位置视作棋子的走子问题。据此，根据海上目标若干步的位置状态提取特征图，按时序堆叠，得到航行状态特征图。

在对目标的轨迹进行特征表达之前，首先要对特征图的尺寸进行计算。本书将特征图的高度记作 h，宽度记作 w，规定目标最大航行速度为 v_{max}，则目标 1h 最大航行距离为 dis_{max}，规定网格的长度为 len，则可根据以下公式得到网格的高度和宽度值。

$$h = 2 \times (dis_{max} - 0.5 \times len)/len + 1 \qquad (5.26)$$

$$w = 2 \times (dis_{max} - 0.5 \times len)/len + 1 \qquad (5.27)$$

目标轨迹时序堆叠的具体过程如图 5-22 所示，其核心思想是将目标前一时刻的位置设置为特征图的中心点，然后计算当前时刻目标的相对位置 $\{x,y \,|\, x,y \in Z\}$，并将该点标注为 1，其他地方标注为 0。

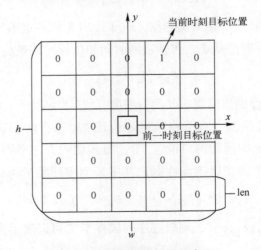

图 5-22　轨迹时序堆叠示意图

下面给出当前时刻目标相对位置坐标 $\{x,y\}$ 的具体计算过程。对于轨迹序列段样本 T_i，将前一时刻的轨迹位置记作 $p_{i,j-1}$，当前时刻目标的位置信息记作 $p_{i,j}$，则当前时刻目标的坐标可由下式给出：

$$C = \frac{\pi}{180} \times 6371.004 \tag{5.28}$$

$$x_j = C \times (\lambda_{i,j} - \lambda_{i,j-1}) \times \frac{\cos\left(\lambda_{i,j} \times \frac{\pi}{180}\right)}{\text{len}} \tag{5.29}$$

$$y_j = C \times \frac{\varphi_{i,j} - \varphi_{i,j-1}}{\text{len}} \tag{5.30}$$

式中：6371.004 为地球半径；x_j，y_j 为当前时刻目标的坐标；$\lambda_{i,j}$，$\varphi_{i,j}$ 分别为当前时刻目标的经纬度信息；$\lambda_{i,j-1}$，$\varphi_{i,j-1}$ 分别为前一时刻目标的经纬度信息。由此，轨迹序列段样本 T_i 样本在 j 时刻的轨迹特征矩阵可表示为

$$T_{i,j} = \begin{Bmatrix} 0 & 0 & 1 & 0 \\ 0 & 0 & 0 & 0 \\ \cdots & \cdots & \cdots & \cdots \\ 0 & 0 & 0 & 0 \end{Bmatrix}_{h \times w} \tag{5.31}$$

将轨迹序列段样本 $T_{i,j}$ 的轨迹特征矩阵进行堆叠，可获得模型输入的多维轨迹特征矩阵，将其记作 S_i，则 S_i 可表示为

$$S_i = \begin{Bmatrix} T_{i,1} \\ T_{i,2} \\ \vdots \\ T_{i,m} \end{Bmatrix}_{h \times w \times m} \tag{5.32}$$

式中：S_i 的尺寸为 $h \times w \times m$，即特征图的宽为 w，高为 h，通道数为 m，显然，该多维特征矩阵满足 CNN 网络的输入格式要求，其特征图结构如图 5-23 所示。

5.2.3.3　目标活动轨迹预测与分析

本节拟引入卷积神经网络方法提取航行状态的特征，以挖掘相邻时刻的时空关联特征，进而输出下一时刻目标活动位置的概率分布图，实现位置预测。

考虑到在目标轨迹预测问题中，目标的活动范围广、航行自由度高、时间持续长，获得完备、准确、实时的海洋环境特征仍存在难题，因此，本节目前仅考虑将目标的多维轨迹特征矩阵作为预测模型的输入信息，开展位置预测。卷积神经网络的模型结构如图 5-24 所示，其基本思想包括特

征提取、特征整合、结果输出三个部分。网络结构由卷积层和全连接层两部分构成，其中卷积层的卷积核大小分别为 3×3×16，3×3×32，步长为 1。全连接层的神经元个数分别为 2048 和 512，最后输出目标位置的概率分布图。

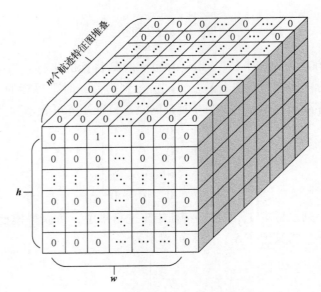

图 5-23　多维轨迹矩阵示意图

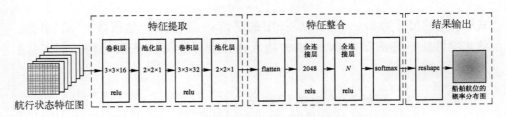

图 5-24　目标位置概率分布预测网络模型结构图

　　首先是特征提取阶段，如上文所述，卷积核用于局部关联特征的提取，卷积核尺寸越大，则特征抽取的感受野越大，同时参数更多，计算量更大。在达到相同感受野的情况下，卷积核越小，所需要的参数和计算量越小。如三层 3×3 的卷积操作和一层 1×7 的卷积操作的感受野一致，其参数却大大减少。在位置预测的网络结构中，卷积核的尺寸为 3×3，卷积核的个数采用逐层加深的方式，以 16 倍数递增，分别为 16 和 32。通过上述操作，可以实现对时空信息的特征提取，并将其映射到新的特征空间，形成特征图。

在信息整合阶段，采用 flatten 层实现特征图的信息整合，该操作不改变输入特征图的尺寸大小，即不损失分辨率，但是实现了多个特征图通道上的线性组合，完成特征降维的作用。

最后利用全连接层输出预测结果。在卷积神经网络的最后部分连接两层全连接层，把卷积输出的特征图转化为一个一维向量，其中第二层全连接层的尺寸 $N=h \times w$，h、w 分别对应多维轨迹特征矩阵的高和宽，从而将网络学习到的特征映射到样本标记空间；然后经过 softmax 激活函数处理，将输出结果转化为概率分布；最后经过尺寸变换，将一维特征转化为二维特征图，得到目标位置的概率分布图。

目标位置的预测结果为输出的概率分布图中概率值最大的网格所对应的地理坐标。由于模型输入与输出特征图的尺寸都为 $h \times w$，该值由目标预测时间内航行的最大距离所决定，由此，针对多小时（大于 1h）的位置预测问题，只需要修改多维轨迹特征矩阵的尺寸值 h，w 便可，所以，本文所提出的轨迹预测模型同样适用于目标的中长期的活动位置预测问题。

在网络模型训练过程中，采用交叉熵作为损失函数，用来计算真实位置的概率分布和预测结果的概率分布之间的误差，具体定义如式（5.33）所示：

$$\text{Loss} = -\frac{1}{M} \sum_{i=1}^{M} \sum_{j=1}^{N} p(x_{ij}) \log(q(x_{ij})) \tag{5.33}$$

式中：$p(x_{ij})$ 为第 i 个样本的实际概率分布；$q(x_{ij})$ 为第 i 个样本的预测概率分布；M 为训练样本的数量；N 为输出特征图的网格数量。训练目标是使损失函数最小。

目标位置预测的数据来源是 AIS 数据，可提供全球范围内目标的经纬度信息，但在实际训练过程中，预测模型的标签值是目标位置的概率分布，显然这与 AIS 数据的经纬度信息不匹配。因此，需要将经纬度信息转化成位置概率分布图，以获得模型训练的标签值。考虑到 AIS 数据本身具有一定的误差，因此可借助 AIS 数据的经纬度信息求解目标真实位置的概率分布。假设观测误差满足高斯分布，以误为差 3km 为例，计算可得测量数据服从以真实位置为圆心，标准差为 4.4km 的高斯分布。通过计算各网格到真实位置所在网格的距离，并查阅标准正态分布表，可确定各网格的概率值。假设网格边长为 6km，则真实位置概率分布的标签值如图 5-25 所示。其中网格的中心位置为实际观测位置，概率值最大，向四周呈高斯分布递减，图中未标注区域的概率值为 0。

		0.008	0.012	0.008		
	0.008	0.029	0.081	0.029	0.008	
	0.012	0.081	0.5	0.081	0.012	
	0.008	0.029	0.081	0.029	0.008	
		0.008	0.012	0.008		

图 5-25　真实位置的概率分布标签值

为评价所提出算法的预测精度，引入了均方根误差（root mean square error，RMSE）来评价预测模型的性能。

模型的预测误差可表示：

$$\begin{cases} e_\lambda = \hat{\lambda} - \lambda \\ e_\varphi = \hat{\varphi} - \varphi \end{cases} \tag{5.34}$$

式中：(λ, φ) 为观测位置；$(\hat{\lambda}, \hat{\varphi})$ 为预测位置。为直观评价预测结果，引入了距离预测误差作为评价指标，表示预测位置和观测位置的地表弧线距离。计算公式如下：

$$C_i = \sin(\widehat{lat_i}) \times \sin(lat_i) \times \cos(\widehat{lon_i} - lon_i) + \cos(\widehat{lat_i}) \times \cos(lat_i)$$

$$\mathrm{dist}_i = R \times \arccos(C_i) \times \frac{\pi}{180} \tag{5.35}$$

式中：lat_i、lon_i 为 i 时刻目标的位置信息；R 为地球的平均半径，$R = 6371.004\mathrm{km}$。

$$\begin{cases} \text{RMSE}_\lambda = \sqrt{\dfrac{1}{n}\sum_{i=1}^{n}(\hat{\lambda}_i - \lambda_i)^2} \\[2mm] \text{RMSE}_\varphi = \sqrt{\dfrac{1}{n}\sum_{i=1}^{n}(\hat{\varphi}_i - \varphi_i)^2} \\[2mm] \text{RMSE}_{\text{dist}} = \sqrt{\dfrac{1}{r}\sum_{i=1}^{n}(\text{dist}_i)^2} \end{cases} \tag{5.36}$$

式中：RMSE_λ，RMSE_φ，$\text{RMSE}_{\text{dist}}$ 分别为在经度、纬度与距离方向的均方根误差；n 为测试样本个数；(λ_i, φ_i) 为第 i 个样本的真实值；$(\hat{\lambda}_i, \hat{\varphi}_i)$ 为第 i 个样本的预测值；dist_i 为第 i 个样本预测的距离误差。

以 1h 预测为例，已知目标 $1\sim m$ 时刻的 AIS 轨迹数据，利用以上方法进行轨迹预测，获得 $m+1$ 时刻目标的预测位置；再根据目标 $2\sim m+1$ 时刻的真实轨迹，预测 $m+2$ 时刻的预测位置。以此类推可获得一系列预测轨迹点，将这些轨迹点按照时刻顺序连接即可得到轨迹曲线，预测结果如图 5-26 所示。

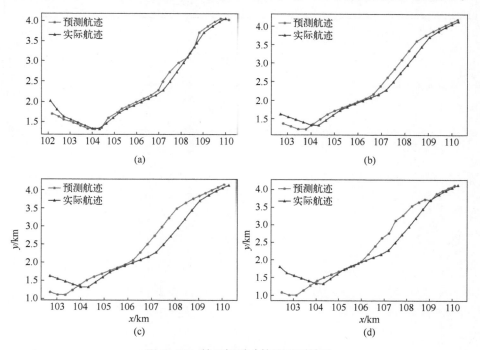

图 5-26 某目标活动轨迹预测结果

（a）1h 轨迹预测；（b）2h 轨迹预测；（c）3h 轨迹预测；（d）4h 轨迹预测。

该图以 1h 为单位，分别展示了未来 1~4h 的航迹预测结果。图 5-26 中三角线代表实际航迹曲线，圆点线代表预测航迹曲线。由图 5-26 可以看出，船舶航迹具有较强的非线性特性，而预测结果能够较好地把握航行动向，且预测结果比较稳定，具有比较可信的预测结果。

具体的预测误差如表 5-1 所列，该表统计了不同预测时长下的经度均方根误差、纬度均方根误差与距离均方根误差。以 1h 预测问题为例，提出的预测模型的距离误差为 1.0993km。随着预测时长的增加，预测误差逐渐增大，原因在于预测时长较大时，模型难以捕捉中间时刻的轨迹规律表 5-3。

表 5-3 深度学习模型预测误差

时长/h	经度预测误差/(°)	纬度预测误差/(°)	距离预测误差/km
1	0.1515	0.0261	1.0993
2	0.2187	0.0951	6.5232
3	0.2906	0.0941	13.9728
4	0.3607	0.1770	24.6749

第**6**章
面向开源情报的目标分析案例

6.1　基于开源文本数据的目标活动跟踪分析

　　基于开源文本数据的目标跟踪，主要收集关于目标的多源文本数据，然后抽取关于此目标的事件（包括时间、地点、活动等），利用基于事件序列的目标跟踪方法形成目标活动的事件线。通过目标活动的事件线可以知道目标过去在什么地方做什么活动。以某海上目标为例，从环球网、环球时报、新浪军事、微博等数据源获取历年的文本新闻，通过文本的预处理，从文本中抽取关于此目标的事件（如表6-1是部分事件抽取的示例），通过这些事件的关联与组装、事件一致性检测和事件线生成，可以得到此目标活动的事件线（如图6-1所示，是此海上目标2020年7月15日至2020年7月20日活动的关键事件线），因此可以通过事件线清晰的显示此海上目标过去做的活动，同时，事件中包含时间发生的地点要素，将这些地点显示在地图上（或者映射到空间位置变化上）（如图6-2所示，是将此海上目标活动的位置映射到相对空间位置变化上），即可以得到目标活动的位置变化（或者相对位置的变化）。总的来说，通过事件线的显示和地理显示，可以跟踪目标活动的位置和事件变化，这对掌握目标从哪里来，过去主要的活动是什么，研判目标动向具有重要意义。

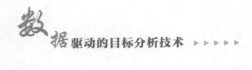

表 6-1　事件抽取示例

文　本	事件抽取结果
通过 C-2A 舰载运输机的行动判断，"尼米兹"号航空母舰上周末仍在冲绳东南海域活动	{"event_type"："航行-海上航行"，"role_list"：[{"主体"："尼米兹"号航空母舰"}，{"活动区域"："冲绳东南海域"}，{"时间"："上周末"}]}
7 月 17 日，据美太平洋舰队消息，"里根"号航空母舰打击群与"尼米兹"号航空母舰打击群再次在南海集结，开展"高端"（high-end）双航空母舰演训	{"event_type"："训演-训练"，"role_list"：[{"主体"："尼米兹"号航空母舰"}，{"时间"："7 月 17 日"}，{"活动区域"："南海"}，{"主体势力"："美军"}]}
7 月 18 日中午，美军"尼米兹"号航空母舰打击群出现在新加坡近海	{"event_type"："航行-海上航行"，"role_list"：[{"主体"："尼米兹"号航空母舰"}，{"活动区域"："新加坡近海"}，{"时间"："7 月 18 日"}，{"主体势力"："美军"}]}
更新：7 月 19 日，"尼米兹"号航空母舰打击群通过马六甲海峡前往印度洋方向	{"event_type"："航行-海上航行"，"role_list"：[{"主体"："新加坡近海"}，{"活动区域"："冲绳东南海域"}，{"时间"："7 月 18 日"}，{"主体势力"："美军"}，{"途径"："马六甲海峡"}，{"终点"："印度洋"}]}
7 月 20 日，"尼米兹"号航空母舰打击群与印海军在印度洋东北部的安达曼群岛附近海域开展联合演习，期间举行实弹训练	{"event_type"："训演-演习"，"role_list"：[{"主体"："尼米兹"号航空母舰"}，{"时间"："7 月 20 日"}，{"活动区域"："印度洋东北部的安达曼群岛附近海域"}，{"活动内容"："实弹训练"}]}

2020年7月15日　● 　进入7月份以来特别是美海军尼米兹号航空母舰打击大队和里根号航空母舰打击大队在南海开展联合演练期间，美军不仅从本土派出B-52H轰炸机前往南海而且还高强度出动……

2020年7月16日　● 　通过C-2A舰载运输机的行动判断，"尼米兹"号航空母舰上周末仍在冲绳东南海域活动。

2020年7月17日　● 　7月17日，据美太平洋舰队消息，"里根"号航空母舰打击群与"尼米兹"号航空母舰打击群再次在南海集结，开展"高端"（high-end）双航空母舰演训。

2020年7月18日　● 　7月18日中午，美军"尼米兹"号航空母舰打击群出现在新加坡近海。

2020年7月19日　● 　更新：7月19日，"尼米兹"号航空母舰打击群通过马六甲海峡前往印度洋方向。

2020年7月20日　● 　7月20日，"尼米兹"号航空母舰打击群与印海军在印度洋东北部的安达曼群岛附近海域开展联合演习，期间举行实弹训练。

图 6-1　目标的事件线生成

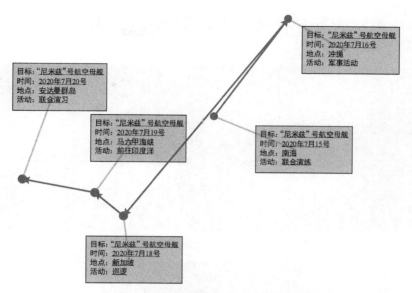

图 6-2　目标跟踪事件的（相对位置）显示

6.2　目标活动异常告警分析

目标活动的异常告警，主要是发现目标活动的异常变化进行告警提示。基于图像的识别可以有效发现目标的异常。基于图像的目标活动异常，主要是通过不同时间对图像中同一目标的识别，如果发现某时刻图像中的目标跟以前图像中目标表现不一致（例如位置的变化，形状的变化），则进行自动告警。例如图 6-3（左）是 2022 年 8 月 18 日通过卫星拍摄的某港口的图片，图 6-3（右）是 2022 年 8 月 19 日通过卫星拍摄的同一港口的图片。通过 STANet 图像变化检测方法可以识别出 2022 年 8 月 18 日和 2022 年 8 月 19 日港口出现不一致的地方，通过图像识别，发现相对于 2022 年 8 月 18 日，8 月 19 日港口多出现了几艘船，因此提示该港口目标活动异常。

同时，如果目标识别方法的能力提升，可以识别相对比较模糊的图像，STANet 方法也可以实现基于图像的目标异常告警，如图 6-4 所示，2020 年 2 月 14 日 STANet 方法提示港口异常，主要是相对于 2020 年 2 月 13 日有船从港口离港。因此，可以基于图像的变化检测可以识别出目标的活动异常，对重要目标的活动变化可以进行告警，例如大量舰船进港、舰船离港等。值得注意的是，基于图像的目标活动异常告警只是提示不同时间同一目标的变化，并不对变化进行判读。

图6-3 某港口基于图像变化的异常告警

2020年2月13日港口图像

2020年2月14日港口图像

图6-4 某码头舰船离港的告警

6.3　目标活动预测案例分析

目标活动预测作为现代军事决策体系的核心支撑要素，其价值主要体现在可精准解构敌方作战意图与行动规律，形成"预判-验证-修正"的智能分析闭环，大幅提升战场态势感知的穿透力，其次，基于时空轨迹建模与资源部署关联性分析，能够推演敌方关键节点转移路径与作战周期窗口，为实施"决策中心战"提供先发制人的打击时机。对目标活动的预测可以区分微观和宏观，微观，即基于目标活动的轨迹（如 AIS 数据、态势数据），采用基于轨迹相似度匹配或者深度学习方法对目标未来活动的位置进行预测（例如 8 小时后可能出现的位置）；宏观，即基于目标活动相关的文本数据，对目标活动相关的事件进行抽取，采用基于协同模式的目标活动事件预测方法，预测目标未来可能执行的任务。

以某目标活动的 AIS 数据为基础，预测某目标 1 小时后的活动位置（采用 geohash 编码为 4 位，网格边长约为 20km），对目标 1 小时后到达的位置（概率）进行预测。预测结果如图 6-5 所示。

以目标活动的相关的文本数据为基础，对某海上活动目标未来活动进行推理，首先采集该目标活动的开源新闻（见表 6-2 所列，通过事件抽取，构建该目标活动的事件图谱，基于该事件图谱，采用基于协同模式的目标事件预测模型进行训练（如根据该目标活动相关事件出现的海上航行、部署服役、停靠港口、演习训练等事件作为该目标活动预测的事件）。最后，基于该目标活动的新的事件推理其未来可能执行的任务（即可能发生的活动事件），如图 6-6 所示，该目标停靠在某港口，上一个时间是事件是在出现在台湾海峡，则采用基于协同模式的目标事件预测方法对其下一个时间段可能执行什么任务进行推理，方法推理出未来该目标有 68.75% 的概率停靠港口，7.42% 可能参加演习训练。因此，可以研判未来该目标极有可能继续停靠港口。

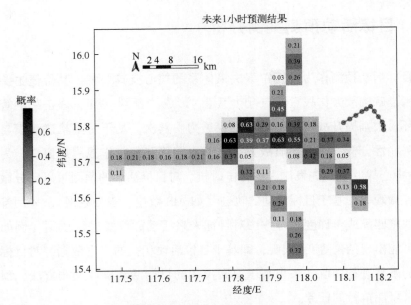

图6-5 某目标活动轨迹预测栅格概率图（横坐标为经度，纵坐标为维度，
颜色深浅代表目标1小时后可能在此区域出现的概率）

表6-2 目标活动相关新闻示例

序号	目标	活动简介	时间	消息来源
1	A舰船	8月19日上午，美A舰船返回器母港日本某港口，结束了此次三个多月的部署…	2022-08-19	南海战略态势综合感知
2	A舰船	日本共同社20日消息，美A舰船结束长期航行，已于当地时间19日…	2022-08-19	观察者网
3	A舰船	美国海军A舰船在8月19日已经返回日本某港，从而开始既定的年…	2022-08-19	笔墨点兵
4	A舰船	8月19日A舰船抵达某港口…	2022-08-19	军武快报
5	A舰船	之后，美A舰船一直在周边游弋，解放军结束演习后A舰船经过几次路线调整…	2022-08-16	笔墨点兵
7	A舰船	不过，我想提醒大家注意的是，美A舰船南下，以及未来…	2022-08-16	网易军事
8	A舰船	原因很简单，在坎贝尔第一次预告"美军数周内将穿行台湾海峡"之际，外界普遍…	2022-08-15	凤凰网军事军情热点

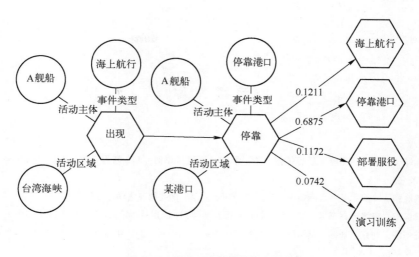

图 6-6　海上目标活动事件预测

参 考 文 献

［1］ 李铮. 复杂作战环境下目标情报分析：职能、流程与原则 ［J］. 情报杂志, 2022, 41 (6)：14-20, 65.

［2］ 刘晓鹏. 冷战后美军目标情报工作研究 ［D］. 北京：国防科技大学, 2018.

［3］ 蔡向阳, 姜博轩, 李男. 联合作战打击目标选择 ［J］. 四川兵工学报, 2009 (8)：75.

［4］ 王寿鹏, 刘良, 刘伟. 美军联合作战目标工作研究及启示 ［J］. 舰船电子工程, 2021, 41 (2)：5-8, 26.

［5］ 庞雪凡. 美军目标情报发展趋势研究 ［J］. 军事文摘, 2022 (2) 14-19.

［6］ 李铮. 基于美军目标工作的目标情报分析流程构建研究 ［J］. 情报杂志, 2023, 42 (2)：36-43, 111.

［7］ 李一男. 深度学习目标检测方法研究综述 ［J］. 中国新通信, 2021, 23 (09)：159-160.

［8］ 郭喜跃, 何婷婷. 信息抽取研究综述 ［J］. 计算机科学, 2015, 42 (02)：14-17, 38.

［9］ 谭红叶. 中文事件抽取关键技术研究 ［D］. 哈尔滨：哈尔滨工业大学, 2008.

［10］ 刘利刚, 谭红叶, 赵铁军, 等. 基于 TBL 的中文名实体识别后处理技术 ［C］. 中文信息处理前沿进展——中国中文信息学会二十五周年学术会议论文集. 北京：清华大学出版社, 2006：114-121.

［11］ 郭庆. 中文事件抽取技术研究 ［D］. 南京：南京师范大学, 2018.

［12］ Wang R, Deyu Z, He Y. Open Event Extraction from Online Text using a Generative Adversarial Network ［C］. Proceedings of the 2019 Conference on Empirical Methods in Natural Language Processing and the 9th International Joint Conference on Natural Language Processing (EMNLP-IJCNLP). 2019：282-291.

［13］ Zhang J, Qin Y, Zhang Y, et al. Extracting Entities and Events as a Single Task Using a Transition-Based Neural Model ［C］. IJCAI. 2019：5422-5428.

［14］ Doddington G R, Mitchell A, Przybocki M A, et al. The automatic content extraction (ace) program-tasks, data, and evaluation ［C］. 2004, 2 (1)：837-840.

［15］ Xiang W, Wang B. A Survey of Event Extraction from Text ［J］. IEEE Access, 2019, 7：173111-173137.

［16］ MUC-7. Proceedings of the Seventh Message Understanding Conference. 1998.

［17］ 王淑媛. 基于深度学习的事件共指消解研究 ［D］. 乌鲁木齐新疆大学, 2019.

［18］ J Allan. Topic Detection and Tracking：Event-Based Information Organization ［J］. Springer Science & Business Media, 2012, 12.

［19］ Allan J, Carbonell J G, Doddington G, et al. Topic Detection and Tracking Pilot Study Final Report ［C］.

Proceedings of the Broadcast News Transcription and Understanding Workshop (Sponsored by DARPA). 1998: 194-218.

[20] Mitamura T, Liu Z, Hovy E. Overview of tac kbp 2015 Event Nugget Track [C]. Proceedings of the 2015 Text Analysis Conference. 2015.

[21] Tiedemann J. Parallel Data, Tools and Interfaces in OPUS [C]. Proceedings of the 8th International Conference on Language Resources and Evaluation (LREC 2012).

[22] Agata Cybulska, Piek Vossen. Using a Sledgehammer to Crack a Nut? Lexical Diversity and Event Coreference Resolution [C]. Proceedings of the Ninth Language Resources and Evaluation Conference. 2014: 4545-4552.

[23] Zhu F, Liu Z, Yang J, et al. Chinese event place phrase recognition of emergency event using Maximum Entropy [C]. 2011 IEEE International Conference on Cloud Computing and Intelligence Systems. IEEE, 2011: 614-618.

[24] Ahn D. The Stages of Event Extraction [C]. Proceedings of the Workshop on Annotating and Reasoning about Time and Events. 2006.

[25] 郑家恒, 王兴义, 李飞. 信息抽取模式自动生成方法的研究 [J]. 中文信息学报, 2004, 18 (1): 48-54.

[26] 项威, 王邦. 中文事件抽取研究综述 [J]. 计算机技术与发展, 2020, 30 (2): 1-6.

[27] RILOFE. Automatically Constructing a Dictionary for Information Extraction tasks [C]. Proceedings of the 11th National Conference on Artificial Intelligence. Washington D C: AAAI, 1993: 811-816.

[28] Kim J T, Moldovan D I. Acquisition of Linguistic Patterns for Knowledge-Based Information Extraction [J]. IEEE Transactions on Knowledge and Data Engineering, 1995, 7 (5): 713-724.

[29] Rilofe, Shoen J. Automatically Acquiring Conceptual Patterns without an Annotated Corpus [C]. Third Workshop on very Large Corpora. Massachusetts, USA: ACL, 1995: 148-161.

[30] 姜吉发. 自由文本的信息抽取模式获取的研究 [D]. 北京: 中国科学院, 2004.

[31] Liao S, Grishman R. Using Document Level Cross-Event Inference to Improve Event Extraction [C]. Proceedings of the 48th Annual Meeting of the Association for Computational Linguistics. 2010: 789-797.

[32] McClosky D, Surdeanu M, Manning C D. Event Extraction as Dependency Parsing [C]. Proceedings of the 49th Annual Meeting of the Association for Computational Linguistics: Human Language Technologies. 2011: 1626-1635.

[33] Li P, Zhu Q, Zhou G. Joint Modeling of Argument Identification and Role Determination in Chinese Event Extraction with Discourse-Level Information [C]. Twenty-Third International Joint Conference on Artificial Intelligence. 2013.

[34] Li Q, Ji H, Hong Y, et al. Constructing Information Networks Using One Single Model [C]. Proceedings of the 2014 Conference on Empirical Methods in Natural Language Processing (EMNLP). 2014: 1846-1851.

[35] 秦彦霞, 张民, 郑德权. 神经网络事件抽取技术综述 [J]. 智能计算机与应用, 2018, 8 (3):

1-5, 10.

[36] Chen Y, Xu L, Liu K, et al. Event Extraction Via Dynamic Multi-Pooling Convolutional Neural Networks [C]. Proceedings of the 53rd Annual Meeting of the Association for Computational Linguistics and the 7th International Joint Conference on Natural Language Processing (Volume 1: Long Papers). 2015: 167-176.

[37] Jie H, Li S, Gang S. Squeeze-and-Excitation Networks [C]. 2018 IEEE/CVF Conference on Computer Vision and Pattern Recognition (CVPR). IEEE, 2018.

[38] Woo S, Park J, Lee J Y, et al. Cbam: Convolutional Block Attention Module [C]. Proceedings of the European Conference on Computer Vision (ECCV). 2018: 3-19.

[39] Dai T, Cai J, Zhang Y, et al. Second-Order Attention Network for Single Image Super-Resolution [C]. 2019 IEEE/CVF Conference on Computer Vision and Pattern Recognition (CVPR). IEEE, 2019.

[40] Lin T Y, Dollar P, Girshick R, et al. Feature Pyramid Networks for Object Detection [J]. IEEE Computer Society, 2017: 2117-2125.

[41] Ge Z, Liu S, Wang F, et al. Yolox: Exceedingyolo series in 2021 [J]. arXiv preprint arXiv: 2107. 08430, 2021.

[42] Liu S, Huang D, Wang Y. Learning Spatial Fusion for Single-Shot Object Detection [J]. arXiv preprint arXiv: 2019.

[43] Tan M, Pang R, Le Q V. EfficientDet: Scalable and Efficient Object Detection [C]. 2020 IEEE/CVF Conference on Computer Vision and Pattern Recognition (CVPR). IEEE, 2020.

[44] Liu Z, Mao H, Wu C Y, et al. A ConvNet for the 2020s [J]. arXiv e-prints, 2022.

[45] Sandler M, Howard A, Zhu M, et al. MobileNetV2: Inverted Residuals and Linear Bottlenecks [C]. 2018 IEEE/CVF Conference on Computer Vision and Pattern Recognition (CVPR). IEEE, 2018.

[46] Li, Hulin, et al. Slim-neck by GSConv: A Better Design Paradigm of Detector Architectures for Autonomous Vehicles [J]. arXiv preprint arXiv: 2206. 02424, 2022.

[47] L-C Chen, G Papandreou, I Kokkinos, et al. Yuille, Semantic Image Segmentation with Deep Convolutional Nets and Fully Connected crfs [J]. arXiv preprint arXiv: 1412. 7062, 2014.

[48] P Viola and M Jones. Rapid Object Detection Using a Boosted Cascade of Simple Features [C]. In Computer Vision and Pattern Recognition, 2001. Proceedings of the 2001 IEEE Computer Society Conference. IEEE, 2001, 1: pp. I-I.

[49] P Viola and M J Jones. Robust Real-Time Face Detection [J]. International Journal of Computer Vision, 2004, 57 (2): 137-154.

[50] C Papageorgiou and T Poggio. A Trainable System for Object Detection [J]. International Journal of Computer Vision, 2000, 38 (1): 15-13.

[51] N Dalal and B Triggs. Histograms of Oriented Gradients for Human Detection [J]. In Computer Vision and Pattern Recognition, 2005. IEEE Computer Society Conference. IEEE, 2005, 1: 886-893.

[52] P Felzenszwalb, D McAllester, D Ramanan. A Discriminatively Trained, Multiscale, Deformable Part Model [J]. In Computer Vision and Pattern Recognition, 2008. IEEE Conference. IEEE, 2008: 1-8.

［53］ P F Felzenszwalb, R B Girshick, D McAllester. Cascade Object Detection with Deformable Part Models ［J］. In Computer Vision and Pattern Recognition（CVPR）, 2010 IEEE Conference. IEEE, 2010：2241-2248.

［54］ P F Felzenszwalb, R B Girshick, D McAllester, et al. Object Detection with Discriminatively Trained Part-Based Models ［J］. IEEE Transactions on Pattern Analysis and Machine Intelligence, 2010, 32（9）：1627-1645.

［55］ A Krizhevsky, I Sutskever, G E Hinton. Imagenet Classification with Deep Convolutional Neural Networks ［J］. Advances in Neural Information Processing Systems, 2012：1097-1105.

［56］ R Girshick, J Donahue, T Darrell, et al. Regionbased Convolutional Networks for Accurate Object Detection and Segmentation ［J］. IEEE Transactions on Pattern Analysis and Machine Intelligence, 2016, 38（1）：142-158.

［57］ K E Van de Sande, J R Uijlings, T Gevers, et al. Smeulders, Segmentation as Selective Search for Object Recognition ［J］. In Computer Vision（ICCV）, 2011 IEEE International Conference. IEEE, 2011：1879-1886.

［58］ K He, X Zhang, S Ren, et al. Spatial Pyramid Pooling in Deep Convolutional Networks for Visualrecognition ［J］. In European Conference on Computer Vision. Springer, 2014：346-361.

［59］ R Girshick. Fast r-cnn ［C］. Proceedings of the IEEE International Conference on Computer Vision. 2015：1440-1448.

［60］ S Ren, K He, R Girshick, et al. Faster r-cnn：Towards Real-Time Object Detection with Region Proposal Networks ［J］. Advances in Neural Information Processing Systems, 2015：91-99.

［61］ T-Y Lin, P Doll'ar, R B Girshick, et al. Feature Pyramid Networks for Object Detection ［J］. CVPR, 2017, 1（2）：4.

［62］ J Redmon, S Divvala, R Girshick, et al. You only Look Once：Unified, Real-Time Object Detection ［C］. Proceedings of the IEEE Conference on Computer Vision and Pattern Recognition. 2016：779-788.

［63］ W Liu, D Anguelov, D Erhan, et al. Ssd：Single shot multibox detector ［J］. In European Conference on Computer Vision. Springer, 2016：21-37.

［64］ T-Y Lin, P Goyal, R Girshick, et al. Focal Loss for Dense Object Detection ［J］. IEEE Transactions on Pattern Analysis and Machine Intelligence, 2018.

［65］ H Nam. B Han. Learning Multi-domain Convolutional Neural Networks for Visual Tracking ［C］. 2016 IEEE Conference on Computer Vision and Pattern Recognition（CVPR）. 2016.

［66］ Y Cui, D Y Guo, Y Y Shao, et al. Joint Classification and Regression for Visual Tracking with Fully Convolutional Siamese Networks ［J］. Int. J. Comput. Vis, 2022, 130（2）：550-566.

［67］ Z Kalal, K Mikolajczyk, J Matas. Tracking-Learning-Detection ［J］. IEEE Transactions on Pattern Analysis and Machine Intelligence, 2012, 34（7）：1409-1422.

［68］ 李嘉琦, 钟紫凡, 付阳辉, 等. 基于开源文本数据的目标跟踪方法 ［J］. 火力与指挥控制, 2023, 48（10）：93-101.

［69］ 陈梅, 朱凌寒, 曾梓浩, 等. 基于全卷积神经网络的空间目标检测追踪算法 ［J］. 传感器与微系

统,2019,38(10):150-153.

[70] 莫少聪,陈庆锋,谢泽,等.基于动态图注意力与标签传播的实体对齐[J].计算机工程,2024,50(4):150-159.

[71] 庄严,李国良,冯建华.知识库实体对齐技术综述[J].计算机研究与发展,2016(1):165-192.

[72] 漆林,秦昆,罗萍,等.基于 GDELT 新闻数据的冲突强度定量表达及冲突事件检测研究[J].地球信息科学学报,2021,23(11):1956-1970.

[73] 陈菲,付忠广,郑玲.基于机器学习的监控大数据防冲突检测仿真[J].计算机仿真,2019,36(4):469-473.

[74] 李锋,万刚,曹雪峰,等.作战计划时空建模与冲突检测算法[J].测绘科学技术学报,2015(4):412-415.

[75] Rydning D R-J G-J, Reinsel J, Gantz J. The Digitization of the World from Edge to Core [J]. Framingham: International Data Corporation, 2018, 16.

[76] Moschini G, Houssou R, Bovay J, et al. Anomaly and Fraud Detection in Credit Card Transactions Using the Arima Model [J]. Engineering Proceedings, 2021, 5 (1): 56.

[77] Rezapour M. Anomaly Detection Using Unsupervised Methods: Credit Card Fraud Case Study [J]. International Journal of Advanced Computer Science and Applications, 2019, 10 (11).

[78] Yu B, Xiong J. A Novel WSN Traffic Anomaly Detection Scheme Based on BIRCH [J]. 电子与信息学报. 2022, 44 (1): 305-313.

[79] Huo Y, Cao Y, Wang Z, et al. Traffic Anomaly Detection Method Based on Improved GRU and EFMS-Kmeans Clustering [J]. Computer Modeling in Engineering & Sciences, 2021, 126 (3): 1053-1091.

[80] Aboah A. A Vision-Based System for Traffic Anomaly Detection Using Deep Learning and Decision Trees [C]. Proceedings of the IEEE/CVF Conference on Computer Vision and Pattern Recognition. 2021: 4207-4212.

[81] 汪静怡.基于深度学习的网络流量异常检测方法研究[D].北京:北京交通大学,2021.

[82] Fernando T, Gammulle H, Denman S, et al. Deep Learning for Medical Anomaly Detection-a Survey [J]. ACM Computing Surveys (CSUR), 2021, 54 (7): 1-37.

[83] Gelatti G J, de Carvalho A C, Rodrigues P P. Anomaly Detection through Temporal Abstractions on Intensive Care Data: Position Paper [C]. 2017 IEEE 30th International Symposium on Computer-Based Medical Systems (CBMS). 2017: 354-355.

[84] Liu Y, Zhang J, Fang L, et al. Multimodal Motion Prediction with Stacked Transformers [J]. Information Sciences, 2025, 686: 121357.